「絵ときでわかる」機械のシリーズのねらい

　本シリーズは，イラストや図を用いて機械工学の基礎知識を無理なく確実に学習できるようにまとめた入門書で，工業高校・専門学校・高専・大学等で機械工学を学ぶ学生や，機械工学関連の初級技術者の方に特に親しまれてきました．

　改訂にあたり，今日の教育カリキュラムの内容を踏まえ，新しい題材や実例に即した記述内容・例題・コラム・章末問題などを充実させています．

本シリーズの特徴

★ 機械工学の基礎知識を徹底図解！
★ 1つのテーマが見開きで理解しやすい！
★ 難しい計算問題は，例題を用いて丁寧に解説！
★ 充実の章末問題で，無理なく確実に学習！

「絵ときでわかる」機械のシリーズ編集委員会（五十音順）

安達　勝之	（横浜市立みなと総合高等学校）
門田　和雄	（宮城教育大学）
佐野　洋一郎	（横浜市立みなと総合高等学校）
菅野　一仁	（横浜市立横浜総合高等学校）

絵ときでわかる 機械材料 《第2版》

Mechanical Materials

門田 和雄／著

「絵ときでわかる」機械のシリーズ 編集委員会

安達　勝之　（横浜市立みなと総合高等学校）

門田　和雄　（宮城教育大学）

佐野　洋一郎　（横浜市立みなと総合高等学校）

菅野　一仁　（横浜市立横浜総合高等学校）

（五十音順）

本書を発行するにあたって，内容に誤りのないようできる限りの注意を払いましたが，本書の内容を適用した結果生じたこと，また，適用できなかった結果について，著者，出版社とも一切の責任を負いませんのでご了承ください．

　本書は，「著作権法」によって，著作権等の権利が保護されている著作物です．本書の複製権・翻訳権・上映権・譲渡権・公衆送信権（送信可能化権を含む）は著作権者が保有しています．本書の全部または一部につき，無断で転載，複写複製，電子的装置への入力等をされると，著作権等の権利侵害となる場合があります．また，代行業者等の第三者によるスキャンやデジタル化は，たとえ個人や家庭内での利用であっても著作権法上認められておりませんので，ご注意ください．

　本書の無断複写は，著作権法上の制限事項を除き，禁じられています．本書の複写複製を希望される場合は，そのつど事前に下記へ連絡して許諾を得てください．

出版者著作権管理機構
（電話 03-5244-5088, FAX 03-5244-5089, e-mail : info@jcopy.or.jp）

JCOPY ＜出版者著作権管理機構 委託出版物＞

はじめに

　機械を設計するときには，その動くメカニズムを考案したり，強度計算をしたりする．そして，実際にその機械を形づくるためには，何らかの材料を用いて加工を行うことになる．このとき，鉄鋼材料を用いるのかアルミニウム材料を用いるのか，また場合によってはプラスチックやセラミックスを用いることもあるだろう．この材料選定の根拠となるような知識を与える学問が機械材料である．もちろん，ある機械を設計するときに，そこで使用する材料が一つだけに限定されることは少ない．ただし，材料の機械的性質や予算など，いろいろな要因を考慮して，適材適所で材料を用いることはエンジニアが常に心掛けておくべきことである．

　また，新しい合金など材料自体を開発する者と，適材適所で材料を用いる者は本来，別々の人間であろう．しかし，機械工学を学ぼうとする初心者の方には，化学や金属学の知識をもとにして，それぞれの材料についても学んでおいてほしい．このことは，日々新しく生まれている材料を見極める能力にもつながるはずである．

　本書では，機械材料に関する基本的な知識を身につけることができるように，鉄鋼材料だけでなく，他の金属材料やプラスチックやセラミックスまで，広くまとめている．また，代表的な機械材料については，その JIS 記号なども明記してある．あとは，実際に材料を購入できる業者を探すことで，実際のものづくりに役立てることができるであろう．本書を材料選定の手引きとして，ご活用いただければ幸いである．

　2006 年 4 月

著者しるす

第2版改訂にあたって

　初心者向けに鉄鋼材料を中心とした金属材料，またプラスチックやセラミックスなどの非金属材料を幅広くまとめた本書の第1版は2006年の出版以来，増刷を重ねることができた.

　機械材料の基礎知識は時代の変遷によってそれほど大きく変化するものではないが，このたび第2版を出版するにあたり，全面的に文章を見直すとともに，この間に登場した新しいトピックスを加えるなどの作業を行った. また，この間，大学や高専における教科書として活用されてきたことを踏まえて，章末問題をより充実させた.

　絵ときでわかるシリーズの一冊として，機械工学を学びはじめた皆様に今後も活用していただけると嬉しい.

　　2018年5月

　　　　　　　　　　　　　　　　　　　　著者しるす

目　　次

第 1 章　機械材料の機械的性質

1-1　機械材料の機械的性質 ……………………………… 2

1-2　材料の試験 ……………………………………………… 6

1-3　材料の検査 …………………………………………… 12

1-4　機械材料と熱 ………………………………………… 16

章末問題 …………………………………………………… 20

第 2 章　機械材料の化学と金属学

2-1　原子の構造と周期表 ………………………………… 22

2-2　化学結合の種類 ……………………………………… 24

2-3　金属の結晶構造 ……………………………………… 28

2-4　物質の状態変化 ……………………………………… 32

2-5　平衡状態図 …………………………………………… 36

2-6　金属の変形 …………………………………………… 42

章末問題 …………………………………………………… 44

第 3 章　炭素鋼

3-1　鉄鋼ができるまで …………………………………… 46

3-2　炭素鋼の性質 ………………………………………… 48

3-3　炭素鋼の平衡状態図 ………………………………… 52

3-4　炭素鋼の熱処理 ……………………………………… 56

3-5　炭素鋼の種類 ………………………………………… 66

章末問題 …………………………………………………… 70

第4章　合金鋼

4-1	合金鋼の成分	72
4-2	機械構造用合金鋼	74
4-3	工具用合金鋼	76
4-4	耐食鋼と耐熱鋼	78
4-5	特殊な合金鋼	80
	章末問題	82

第5章　鋳　鉄

5-1	鋳　鉄	84
5-2	鋳鉄の種類	87
	章末問題	90

第6章　アルミニウムとその合金

6-1	アルミニウムの性質	92
6-2	アルミニウム合金	94
	章末問題	100

第7章　銅とその合金

7-1	銅の性質	102
7-2	純銅と銅合金	104
	章末問題	108

第8章　その他の金属材料

8-1	亜鉛・すず・鉛とその合金	110
8-2	チタンとその合金	112
8-3	マグネシウムとその合金	114
	章末問題	116

第9章 プラスチック

9-1 プラスチック ……………………………………… 118

9-2 汎用プラスチック ………………………………… 120

9-3 エンジニアリングプラスチック …………… 122

9-4 複合材料 …………………………………………… 124

章末問題 ………………………………………………… 130

第10章 セラミックス

10-1 セラミックスとは ……………………………… 132

10-2 セラミックスの種類と用途 ……………… 134

10-3 セラミックスの応用 ………………………… 142

章末問題 ………………………………………………… 146

章末問題の解答 …………………………………… 147

索　引 ………………………………………………… 161

クラーク数

地球皮部（地球全質量の約 0.7 %）を構成する元素の割合を重量パーセントで表したものをクラーク数という.

順位	元素名	元素記号	クラーク数
1	酸素	O	49.5
2	ケイ素	Si	25.8
3	アルミニウム	Al	7.56
4	鉄	Fe	4.70
5	カルシウム	Ca	3.39
6	ナトリウム	Na	2.63
7	カリウム	K	2.40
8	マグネシウム	Mg	1.93
9	水素	H	0.83
10	チタン	Ti	0.46
11	塩素	Cl	0.19
12	マンガン	Mn	0.09
13	リン	P	0.08
14	炭素	C	0.08
15	硫黄	S	0.06
16	窒素	N	0.03
17	フッ素	F	0.03
18	ルビジウム	Rb	0.03
19	バリウム	Ba	0.023
20	ジルコニウム	Zr	0.02
21	クロム	Cr	0.02
22	ストロンチウム	Sr	0.02
23	バナジウム	V	0.015
24	ニッケル	Ni	0.01
25	銅	Cu	0.01

第 1 章

機械材料の機械的性質

　機械材料には，引張強さや硬さなど，いくつかの機械的性質があり，それらの測定方法は JIS におけるさまざまな材料試験にて，手順が定められている．
　この章では，機械材料の機械的性質にはどのようなものがあり，それぞれどのような測定方法があるのかを紹介する．
　この章で材料を比較検討する方法を十分理解したうえで，続く章で各種材料の性質を学んでいこう．

1-1 機械材料の機械的性質

…… 材料には 強さに関する表現いろいろ

Point
① 機械的性質の代表には，引張強さ，圧縮強さ，硬さ，粘り強さなどがある．
② 金属材料には，弾性と塑性の性質がある．
③ 材料の強さを表す基本は，応力とひずみである．

❶ 機械的性質とは

　機械材料に求められる強さや硬さなどの性質を総称して**機械的性質**という（図1・1）．材料の強さとは，「材料が外部からの力にどのくらい耐えられるのか」を数値で表したものである．**引張強さ**とは，材料の引張りに対する強さであり，金属材料の機械的性質の中でも代表的なものである．力のはたらく方向が引張強さと逆の関係にあるのが**圧縮強さ**でありコンクリート材料などで多く用いられる．また，板材や棒材の曲げに対する強さを**曲げ強さ**という．
　強さと並んで重要な機械的性質に**硬さ**がある．材料の硬さとは，「材料が他の物

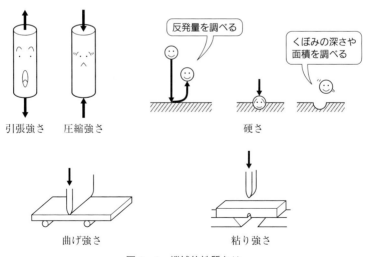

図1・1　機械的性質とは

第1章　機械材料の機械的性質

体によって変形を与えられるときの抵抗の大小を示す尺度」をいう．硬い，軟らかいというのは，日常でも用いる一般的な用語だが，不思議なことに硬さには物理的な定義が存在しない．そのため，硬さは，それぞれの試験ごとで結果を数値化しており，これを**工業量**という．一般に硬い材料はもろいという性質を兼ね備えていることが多く，**耐摩耗性**などにも関連するため，硬さを知ることは材料の機械的性質を理解するうえで重要である．

外部から力を受けたときにボロッとくずれてしまうような材料はもろい材料というが，この反対の性質として，外部からの力に対して抵抗するような材料は**粘り強さ**があるといえる．この性質を別名で**靱性**ともいい，材料に衝撃的な荷重を加えることでその大きさを評価できる．

❷ 弾性と塑性

金属材料に引張荷重を加えれば，いつかは破断するだろうが，破断するまでに材料が伸びることはあるのだろうか．答えは「ある」である．材料試験として規格化されている直径 14 mm の軟鋼の丸棒を引張ると，数千 kg の荷重を加えて数 mm という大きさで材料は伸びる．これは，ばねにおもりをつるしたときにばねが伸びることと同じ現象である．ばねの場合，加えた荷重をとりのぞくと，もとの状態に戻る．この性質を**弾性**という．しかし，ばねの場合でも必要以上に大きな荷重を加えると，荷重をとりのぞいても変形が完全にはもとの状態に戻らず残ってしまう．この性質を**塑性**という．

金属材料を引張ったときにもこれと同じ現象が起きており，ある程度までの荷重ならば，それをとりのぞいたときにもとの状態に戻るが，ある量よりも大きな

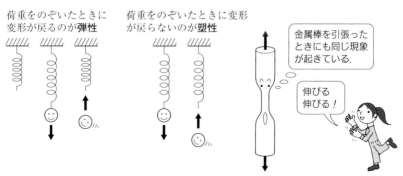

図 1・2　弾性と塑性

荷重を加えると材料に変形が残ってしまう（**図 1・2**）．

機械材料を構造材料，すなわち骨組みになるような材料として用いる場合には，その材料に加わる応力を弾性範囲内に収めることが，機械設計の基本となる．

❸ 応力とひずみ

実際の材料に荷重を加えたときの挙動を知るためには，荷重と伸びの関係を求めることが多い．このとき，どのくらいの断面積にその荷重を加えたのかを把握しておかなければ，本当の材料の姿を知ることはできない．なぜなら，同じ材質の材料ならば，太い材料を使うほど強度は出せるからである．ここで単位面積あたりにはたらく力である**応力**が登場する．これにより，材料の細い・太いによる差を考える必要がなくなる．一般的に，応力は σ〔MPa〕で表し，荷重 W〔N〕を断面積 A〔mm²〕で除した値で表す（**図 1・3 (a)**）．

また，伸びに関しても，20 cm の金属棒が 1 cm 伸びたことと，1 m の金属棒が 1 cm 伸びたことを，同じ 1 cm の伸びとして扱うことは適さない．すなわち，同じ伸びであっても，もとの長さに対してどのくらい伸びたのかを知る必要がある．もとの長さに対する変形量のことを**ひずみ**といい，一般的に，ひずみ ε は長さの変化量 Δl をもとの長さ l で除した値で表す（図 1・3 (b)）．

$$応力\ \sigma\ 〔\text{MPa}〕=\frac{荷重\ W\ 〔\text{N}〕}{断面積\ A\ 〔\text{mm}^2〕}$$

$$ひずみ\ \varepsilon=\frac{長さの変化量\ \Delta l}{もとの長さ\ l}$$

なお，ひずみは長さを長さで除しているので単位はなくなるが，これを 100 倍して％で表すこともある．一般的には伸びと荷重の関係は，応力とひずみの線図で表される．

図 1・4 に軟鋼の応力-ひずみ線図の例を示す．材料に荷重を加えると，ある範囲までは荷重と伸びは比例する．この範囲であ

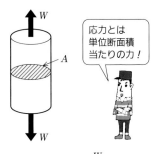

応力とは単位断面積当たりの力！

応力 $\sigma = \dfrac{W}{A}$

（a）応力 σ の定義

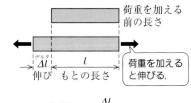

ひずみ $\varepsilon = \dfrac{\Delta l}{l}$

（b）ひずみ ε の定義

図 1・3　応力とひずみの定義

れば，材料は弾性変形をしているため，荷重をのぞいたときに，変形はもとに戻る．これを**弾性限度**，もしくは**比例限度**という．弾性限度以上の荷重を加えると曲線を描くようになり，この範囲で荷重をとりのぞいても変形は残る．これを**永久ひずみ**という．また，弾性限度を超えてしばらくは，応力は増加せずにひずみだけの増加がみられる．この現象を降伏，この間の応力の最高点を**降伏点**といい，この点の応力を**降伏応力**という．実際には軟鋼以外の材料で明らかな降伏点が観察されることは少ないため，他の材料では永久ひずみが一定値（0.2%）になる応力を降伏応力に相当する**耐力**として定義している．

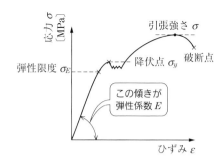

図1・4 軟鋼の応力-ひずみ線図

弾性限度内では応力とひずみは比例し，これを**フックの法則**という．この比例定数を**弾性係数**といい，材料によって固有の値をもつ．垂直応力 σ がはたらいたときに縦ひずみ ε が生じたときの弾性係数をとくに**縦弾性係数**または**ヤング率**といい，E で表すことが多い．

フックの法則　　$\sigma = E\varepsilon$ 〔MPa〕

主な金属材料について，その機械的性質を**表1・1**に示す．

表1・1 主な金属材料の機械的性質

材料 （JIS記号）	降伏点（耐力） 〔MPa〕	引張強さ σ〔MPa〕	縦弾性係数 E〔GPa〕
軟鋼（S20C）	245 以上	402 以上	192
硬鋼（S50C）	363 以上	608 以上	206
鋳鉄（FC200）	−	198 以上	98
黄銅（C2600）	−	275 以上	108
アルミニウム合金（A5052）	69 以上	186 以上	70.6
アルミニウム合金（A7075）	412 以上	510 以上	71.5

1-2 材料の試験

強度では 一番知りたい 引張強さ

> **Point**
> ❶ 代表的な材料試験には引張試験,硬さ試験,衝撃試験,曲げ試験などがある.
> ❷ 繰返し荷重を考慮した疲労試験や,高温でのクリープを考慮したクリープ試験などもある.

❶ 引張試験

引張試験は,試験片を軸方向に引張り,それが破断するまでの荷重や変形量を測定し,その材料の変化に対する抵抗性の大小を知るために実施される代表的な材料試験である(**図1・5**).この試験では,材料の降伏点または耐力,引張強さ,破断強さ,降伏伸び,破断伸び,絞りなどを求めることができる.

応力-ひずみ線図では,弾性係数の大きな材料ほど,立上りの傾きが急になる.また,展性・延性に富む材料では,立上り後すぐに曲線を描く(**図1・6**).

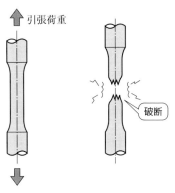

図1・5 引張試験

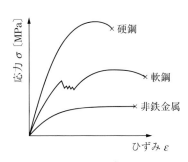

図1・6 応力-ひずみ線図の例

引張試験において材料の長さが L_0 から L に変化したとき,長さの変化の割合を**伸び**といい,その関係は次式で表される.

伸び $\delta = \dfrac{L-L_0}{L_0} \times 100$ 〔％〕

また，材料の断面積が A_0 から A に変化したとき，断面積の変化の割合を**絞り**といい，その関係は次式で表される．

絞り $\varphi = \dfrac{A_0-A}{A_0} \times 100$ 〔％〕

❷ 硬さ試験

引張試験と並んで，よく行われる材料試験に，**硬さ試験**がある．

硬さ試験には，試験片または製品の表面に一定の試験力で硬質の圧子を押し込む方法と，一定の高さから鋼球などを落下させたときの跳ね返り量を測定する方法とがある（**図 1・7**）．すなわち，圧子を押し込む方法では，同じ荷重で押し込んだときに大きくくぼんだほうを「軟らかい」とする．また，跳ね返りを測定する方法では，同じ高さからある物体を試験片に落下させて多く跳ね上がったほうを「硬い」とする．

圧子を材料の表面に押し込む，押込み硬さ試験には，鋼球圧子でくぼみを与え，その直径を測定する**ブリネル硬さ試験**（図 1・8 (a)），ダイヤモンドの四角すいを圧子としてくぼみを与え，その対角線の長さを測定する**ビッカース硬さ試験**（図 1・8 (b)），鋼球圧子や円すいダイヤモンド圧子でくぼみを与え，その深さを測定する**ロックウェル硬さ試験**（図 1・8 (c)）などがある．また，鋼球を一定のエネルギーで試料表面に衝突させ，試料表面から反発される場合のエネルギーから硬さを求める反発硬さ試験には，**ショア硬さ試験**がある（図 1・8 (d)）．それぞれの試験結果は別ものとして扱われるが，換算して比較することもできる．

図 1・7　硬さ試験の原理

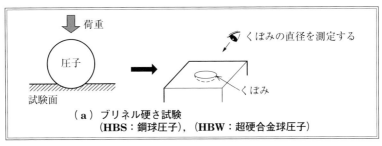
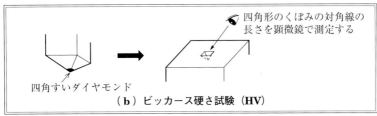
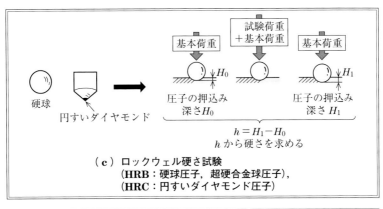
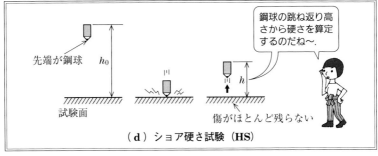

図1・8　硬さ試験

❸ 衝撃試験

材料の粘り強さを調べるため，試験片に衝撃力を加えて破断し，それに要したエネルギーの大小，破断の様相，変形挙動，き裂の進展挙動などを評価する試験を**衝撃試験**という．代表的な衝撃試験には，**シャルピー衝撃試験**や**アイゾット衝撃試験**がある（図 1・9）．

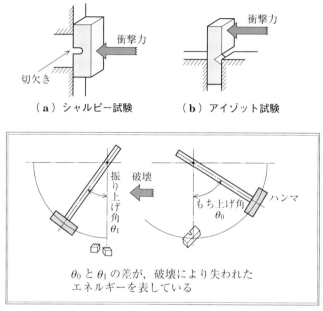

図 1・9　もち上げ角と振り上げ角

　シャルピー衝撃試験は，ある高さから振り下ろしたハンマで，切欠きの入った試験片に衝撃を与えたときの衝撃エネルギーを求める試験である．すなわち，ハンマのもち上げ角と試験片に接触した後の振り上げ角における位置エネルギーの差を，試験の破壊に要したエネルギーと考えるのである．

　粘り強い材料であるならば，衝撃により破断するまでに大きなエネルギーが必要になるため，ハンマの振り上げ角は小さく，もろい材料であるならば，すぐに破断してしまうため，ハンマのもち上げ角と振り上げ角は近くなる．一般に硬い材料はもろいが，熱処理を施すことにより，硬くて粘り強い材料に改善できる．

アイゾット衝撃試験も同様に衝撃に対する強さを評価する試験方法であるが，試験片の形状と，切欠き部がある面に衝撃を加える点がシャルピー衝撃試験と異なる．また，シャルピー衝撃試験よりも加えることができる衝撃エネルギーが小さい試験機が多く，プラスチックの機械的性質の評価に多く用いられる．

❹ 曲げ試験

曲げ試験は，板材などに曲げ荷重を加えたときの，荷重とたわみ量の関係などを求めるものである．**三点曲げ試験**では，棒状の試験片を2か所で支えて中央部に集中荷重を加え，このときの荷重とたわみ量の関係などを求める（**図 1・10**）．**四点曲げ試験**は，試験片を2か所で支えて2か所に集中荷重を加え，このときの荷重とたわみ量の関係などを求める（**図 1・11**）．

三点曲げと四点曲げの違いは，三点曲げが試験片を「折り曲げる」のに対して，四点曲げは試験片を「たわませる」点である．両者の違いは，変形量が大きくなるにつれて顕著になる．

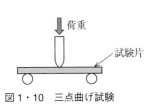
図 1・10　三点曲げ試験

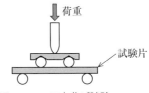
図 1・11　四点曲げ試験

❺ 疲労試験

材料の強度は引張試験などで求めることができるが，実際の材料はたとえ許容応力の範囲内でも繰り返して使用されていると，本来の強度よりも低い荷重で破壊を起こしてしまう．このような現象を疲労といい，疲労による破壊を起こさないための限度である疲労限度を知っておく必要がある．

疲労試験は，試験片に引張りの定荷重を繰り返し与え，破壊にいたるまでの繰返し回数を測定する試験である．試験結果として，測定前の試験片の断面積から求められる繰返し応力と，破壊するまでの繰返し数の関係をグラフに表す（**図 1・12**）．

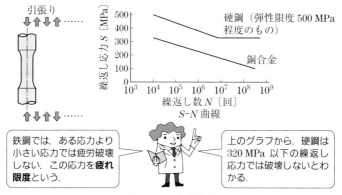

図 1・12　疲労試験

❻ クリープ試験

　高温で金属材料に荷重がはたらくと，時間の経過にともなって徐々に塑性変形が進む．また，プラスチック材料は，一定の荷重を与えたままで長時間放置すると，その時間の経過にともなって変化が増大し，限度を超えると最終的には破壊にいたる．このような変形を**クリープ**といい，金属材料では火力発電プラントなどのボイラやタービン，石油化学プラントの圧力容器などの大型高温機器などで問題になる．

　クリープ試験とは，高温に加熱された試験片に一定の荷重を与えて，材料の時間の経過にともなうクリープ変形量や破断するまでの時間を測定する試験である（**図 1・13**）．試験方法は，引張試験片に一定の荷重を与え，長時間放置して，応力を変えながら破壊にいたるまでの時間を測定し，グラフに表すというものである．求められた曲線から破壊に達するまでの時間と応力の関係がわかる．

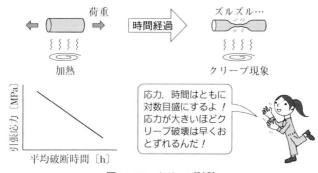

図 1・13　クリープ試験

1-3 材料の検査

……… 材料の 表面調べて いろいろわかる

> Point
> ❶ 顕微鏡による組織観察により，材料の結晶粒の大小，形状，傷などの欠陥を見ることができる．
> ❷ 材料の検査方法には，破面検査，マクロ組織検査，磁粉探傷検査，X線透過検査，超音波検査などがある．

❶ 金属顕微鏡による組織観察

材料の表面の状態を知るために金属顕微鏡による組織観察が行われる．これにより，材料の結晶粒の大小，形状，傷等の欠陥などを知ることができる．

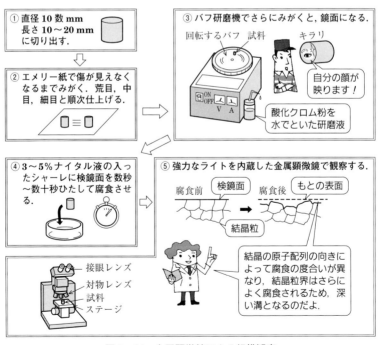

図1・14 金属顕微鏡による組織観察

また，破断した材料の破断面を観察することにより，その材料の破壊原因を推測することもできる．具体的な観察方法を図 1・14 に示す．

❷ その他の検査方法

材料の検査は，調べた材料の特性を判定基準と比較して，合否を決定するものである．検査と試験の厳密な区別は難しいが，試験は検査のための手段の1つであり，特性を調べるために行う．ここでは，代表的な材料の検査方法をいくつか紹介する．

① 破面検査

材料の破断面を観察することにより，どのような原因でその材料が破断したのかを知ることができる．これを**破面検査**という（図 1・15）．

金属材料を引張破断させると，通常はディンプルとよばれるあみ目状の模様の破面が観察できる．これは破壊部が局部的に延びてくびれを生じて破壊したためであり，ディンプルの生じる破壊を延性破壊とよぶ．このとき，破面の中央部は平らであり，周辺にゆくにつれて斜めになる．また，全体として，破断した材料の一方はへこんでおわん状に，もう一方は逆に盛り上がってコーン状になるため，これを**カップアンドコーン**という．一方，低温では細い直線状の筋で区切られた，なめらかな平面の破面をもつ脆性破壊が生じることがある．また，衝撃力を受けた金属材料は，延性変形をほとんどともなわずに瞬間的に破壊する．

破面観察からの破壊形態の調査を**フラクトグラフィー**といい，材料解析の基本

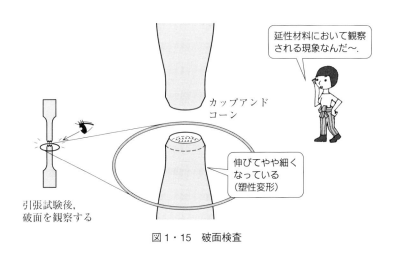

図 1・15　破面検査

となる．実際は破壊の形態が複雑をきわめるケースが多いため，フラクトグラフィーでは技術者の経験と観察力が大切になる．

② マクロ組織検査

材料の検査をしたい面を研磨または腐食液で処理し，肉眼で金属組織または欠陥の分布状況などの状態を調べるものを**マクロ組織検査**という（図 **1·16**）．これに対して，顕微鏡を用いるものを**ミクロ組織検査**という．

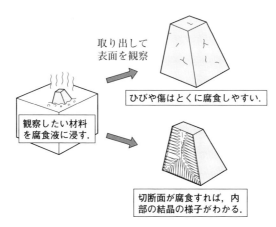

図 1·16 マクロ組織検査

③ 磁粉探傷検査

割れなどが存在すると予想される強磁性体の試験体を磁化すると，強磁性体は磁石になるため，傷の部分は小さな磁石になる．この磁石になった傷の部分に磁粉という強磁性体の微粉末を塗布すると，磁粉は傷の部分に吸着する．この磁粉

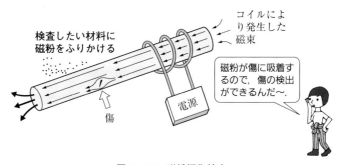

図 1·17 磁粉探傷検査

模様を観察することにより，表層部にある傷の場所を知ることができる．これを**磁粉探傷検査**という（図 1・17）．

④ **X 線透過検査**

透過能力の大きい放射線である X 線を利用して，材料や構造物の内部にある傷の検出，内部構造の調査などを行うのが **X 線透過検査**である（図 1・18）．この検査では X 線フィルムによる傷の像の永久的記録が得られ，傷の種類および形状の判別ができるなど，優れた特徴をもつため，溶接不良の検査などに用いられる．ただし，放射線に対する十分な安全管理が必要である．

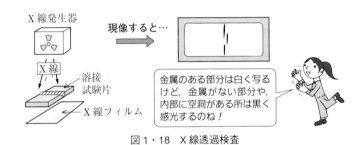

図 1・18　X 線透過検査

⑤ **超音波探傷検査**

人の耳がとらえることのできる音波は，周波数 20～2 万 Hz であり，周波数 2 万 Hz 以上の人には聞こえない音波を**超音波**という．超音波が金属のような物体中を伝搬する場合には，向きによって強弱の違いがはっきりと出て指向性が鋭く，輪かくのはっきりした音の束となって直進する．

また，異なる物体あるいは空隙との境界面は，反射する性質がある．このような性質を利用して試験体内部の傷を検出し，その位置と大きさを測定する検査を**超音波探傷検査**という（図 1・19）．

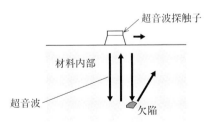

図 1・19　超音波探傷検査

1-3　材料の検査　**15**

1-4 機械材料と熱

材料は 熱でふくらむ エンジン大変！

❶ 機械材料は高温で使用されることが多いため，熱による影響を考慮する必要がある．
❷ 温度変化により生じる応力を熱応力という．

❶ 熱応力

　金属は熱で膨張する性質がある．例えば，棒材の両端を固定したとき，加熱すれば材料は膨張し，冷却すれば材料は収縮する．このとき，材料にはそれぞれ圧縮応力と引張応力がはたらいている．このように温度変化によって生じる応力を**熱応力**という（図 **1·20**）．

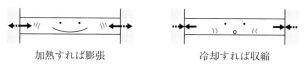

加熱すれば膨張　　　　冷却すれば収縮

図 1・20　熱応力

　鉄道の線路のところどころにすき間があることはよく知られているが，これは夏に線路が高温になったときに膨張した経路どうしがぶつかり合って曲がってしまうことを避けるためである．自動車のエンジンなどの熱機関では，線路ほどすき間を空けておくことができないため，より厳しく熱による影響を把握しておく必要がある．

❷ 熱膨張率

　熱応力を把握するためには，それぞれの材料が温度変化に対してどれくらい伸び縮みするのかを理解しておく必要がある．温度の上昇によってある物体の長さや体積が膨張する割合を，1 K（絶対温度）あたりで示したものを**熱膨張率**といい，単位は 1/K で表される．

　図 **1·21** に示すように，熱膨張率には，さらに温度の上昇に対応して長さが伸

図 1・21　熱膨張

びる割合で表した**線膨張率**（または線膨張係数），および温度の上昇に対応して体積が増える割合で表した**体積膨張率**とがある．ここでは前者について詳しく説明する．長さ L の金属棒が加熱されて，温度が T から T' まで ΔT だけ上昇したとき，ΔL だけ伸びたとする．この関係を線膨張率 α〔1/K〕を用いて表すと次のように表される．

$$\Delta L = \alpha L \Delta T \text{〔mm〕}$$

また，このとき材料の両端を固定していたとすると，金属棒には圧縮による熱応力 σ が発生するが，これは上式とフックの法則の関係を用いて，次式で表される．ここで E は材料の縦弾性係数，ε はひずみである．

$$\sigma = E \varepsilon = E \alpha \Delta T \text{〔MPa〕}$$

主な機械材料の線膨張率を**表 1・2**に示す．鋼とアルミニウムを比較しただけでもその違いがわかる．また，耐熱材料として用いられるセラミックスの代表である窒化ケイ素の値が小さいことも読みとることができる．

表 1・2　主な機械材料の線膨張率〔1/K〕

鋼	$9.6 \sim 11.6 \times 10^{-6}$
アルミニウム	23×10^{-6}
黄銅	19×10^{-6}
ニッケル	13×10^{-6}
窒化ケイ素	3.2×10^{-6}

熱応力は，線膨張率の大きさが異なる材料を接合して用いるときなどにも問題になる．すなわち，常温で異材を接合して，それを高温で使用する場合では，材

料間の温度上昇による熱膨張率の違いから伸びが相互に抑制され，熱応力が生じるのである．

❸ 熱伝導率

　熱機関では，高温を発生しながらも，その熱が内部にこもり，熱機関が熱で壊れることがないように放熱する必要がある．鋼板の一端を加熱したときに熱がしだいに全体に伝わる現象など，高温側から低温側へ熱が伝わることを**熱伝導**という．そして熱伝導の起こりやすさの度合いを表したものが**熱伝導率**（または**熱伝導度**ともいう）であり，単位長さ（厚み）あたり 1 K の温度差があるとき，単位時間に単位面積を移動する熱量を表す（**図 1・22**）．すなわち，体積が 1 m³ の立方体において，高温側の面 A と低温側の面 B の温度差が 1 K（$T_A > T_B$）のと

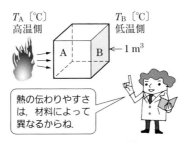

図 1・22　熱伝導率

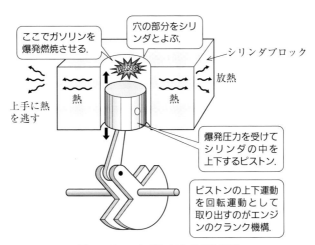

図 1・23　エンジンにおける熱伝導

き，面Aから面Bへ1秒間に1m移動する熱量が熱伝導率である．

単位はW/(m·K)（移動する熱量÷(長さ×温度)）で表し，熱伝導率の値が大きいほど移動する熱量が大きく，熱が伝わりやすい．いいかえると，放熱材としては熱伝導率の大きな物質が望まれるのである（**表1·3**）．

また，熱伝導率は，単位面積を通して熱エネルギーが運ばれる速さの，温度勾配に対する比として定義され，これを**フーリエの法則**という．

表1·3　主な機械材料の熱伝導率〔W/(m·K)〕

鋼	80.2
アルミニウム	237
銅	401
金	320
銀	428
白銀	70
ガラス	1
水	0.6
窒化ケイ素	20〜28

機械材料に用いられることが多い金属，セラミックス，プラスチックの線膨張率と熱伝導率の比較を**図1·24**に示す．

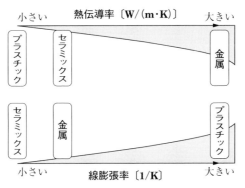

図1·24　機械材料の線膨張率と熱伝導率

章 末 問 題

問題 1 材料に求められる機械的性質を 5 つあげなさい.

問題 2 弾性と塑性の違いを述べなさい.

問題 3 断面積 150 mm² の丸棒試験片が, 900 kN の引張荷重を受けたときの応力は何 MPa になるかを求めなさい.

問題 4 引張試験において, 20 cm の試験片が 4 mm 伸びたときのひずみを求めなさい.

問題 5 フックの法則と, ヤング率とは何かを述べなさい.

問題 6 硬さ試験には, 材料に硬質の圧子を押し込む方法と, 一定の高さから鋼球などを落下させたときの跳ね返り量を測定する方法とがある. それぞれの代表的な試験の名称を答えなさい.

問題 7 シャルピー衝撃試験とは, どのような試験かを述べなさい.

問題 8 クリープ試験とは, どのような試験かを述べなさい.

問題 9 機械材料を高温で使用するときには, 熱によるどのような影響を考慮しなければならないかを述べなさい.

問題 10 鉄, アルミニウム, 銅について, 熱伝導率が大きい順に並べなさい.

第 2 章

機械材料の化学と金属学

> 　機械材料は，金属を中心とした元素の組合せからなる．
> 　そのため，原子の姿や，その結晶構造などの化学的性質について理解しておく必要がある．
> 　とくに平衡状態図を的確に読みとることができるようにしよう．

2-1

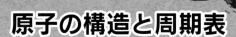

原子の構造と周期表

────── 物質の 性質決める 原子の構造

Point
1. 原子は電子と原子核からなり，原子核は電子（−）と同じ数の陽子（＋）と，中性子からなる．電子は原子核のまわりの電子殻を高速で回転している．
2. 周期表の横の並びを「周期」，縦の並びを「族」といい，性質のよく似た元素が周期表中で縦に並ぶ．

❶ 原子の構造

　機械材料の本質的な性質を決めるのは，それを構成する**原子**である（図 **2・1**）．原子は中心にある正（＋）の電荷を帯びた**原子核**と，そのまわりにある負（−）の電荷を帯びたいくつかの**電子**からなる．さらに原子核は，正の電気を帯びた**陽子**と，電気を帯びていない**中性子**からなる．原子全体としては電子の数と陽子の数は等しく，電気的に中性である．原子核の陽子の数を**原子番号**という．例えば，炭素は原子番号 6，酸素は原子番号 8，アルミニウムは原子番号 13，鉄は原子番号 26 である．

　電子は原子核のまわりを自由に飛び回っているのではなく，決められた空間を中心にして分布している．この決められた空間を**電子殻**といい原子核に近い順に内側から K 殻，L 殻，M 殻，…とよばれる．各電子殻に入ることができる電子の

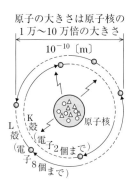

図 2・1　原子構造のモデル

数は順に 2，8，18 となっており，これは内側からの殻の順番を $n = 1$，2，3，…
とすると，$2n^2$ の関係で表される．電子は原則として，内側の K 殻から順番に，
L 殻，M 殻，…と入っていく．

❷ 周期表

　元素を原子番号の順に並べると，性質のよく似た元素が周期的に現れることに
なり，これを**周期律**という．周期律にしたがって元素を配列した表を**周期表**とい
い，1869 年にメンデレーエフが当時知られていた約 60 種類の元素をまとめたの
がはじまりである．現在，周期表には 118 種類の元素が記載されている（**後ろ見
返し**）．理化学研究所 仁科加速器センター 超重元素研究グループの森田浩介グ
ループが発見した元素は，2015 年 12 月に国際機関によって新元素に認定された．
森田グループには，発見者として新元素の命名権が与えられ，2016 年 11 月，元
素名は「nihonium（ニホニウム）」，元素記号が「Nh」に決まった．

　周期表の縦の列を**族**といい，1 族から 18 族まである．1〜2 族は族番号と，最
も外の電子殻を回っている電子で，その元素の化学反応に大きく影響を与える電
子である，価電子の数が同じである．12 族〜17 族では，族番号から 10 を引い
た数が価電子の数である．周期表の横の列を**周期**といい，第 1 から第 7 周期まで
ある．元素の性質は周期ごとに変化する傾向がある．

　周期表上で，元素は 47 種類の**典型元素**（1 族，2 族，12 族〜18 族）と 56 種
類の**遷移元素**（3 族〜11 族）に分類される．典型元素では同族元素の価電子の数
は等しく，遷移元素では原子番号が増加しても価電子の数が通常 2 個であり，電
子は最外殻から 1 つ内側の電子殻に増えていく．

　また，周期表上で，元素を**金属元素**と**非金属元素**に分類することもできる．遷
移元素はすべて金属元素であるが，典型元素には金属と非金属が含まれる．金属
性は族が小さいほど，周期が大きいほど強くなる傾向がある．なお，金属元素と
非金属元素との境界付近にある元素は，酸とも塩基とも反応する性質をもつ（両
性という）ため，これを**両性元素**という．

　機械材料として用いられることが多いアルミニウムや亜鉛，すずなどは化学的
には金属元素ではなく両性元素に分類される．

　本書では，以下，元素を元素記号を用いて表すこととする．

2-2 化学結合の種類

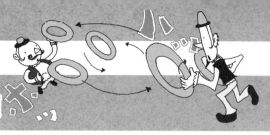

化学結合は イオン 共有 金属だ

① 強い化学結合には，イオン結合，共有結合，金属結合がある．
② 弱い化学結合には，分子間力，水素結合がある．

❶ イオン結合

陽イオンと陰イオンが**クーロン力**という電気的な引力によって結びつく結合を**イオン結合**という（図2・2）．例えば，食塩（塩化ナトリウム）（NaCl）では，Na原子が1個の価電子を放出して，Na$^+$になり，Cl原子が1個の価電子を受け入れてCl$^-$になっている．イオン結合による結合力は相当大きいため，熱運動で結晶格子を壊すためには高温を必要とする．そのため，イオン結合によってできた**イオン結晶**の融点や沸点は高く，硬いが，元素の配列がくずれると反発し合うよ

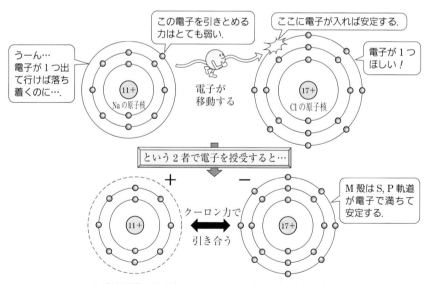

図2・2 イオン結合

うになるため，もろい性質をもつ．

❷ 共有結合

結合する原子の双方が価電子を1個ずつ出し合い（これを不対電子という），その2個の価電子を双方の原子が共有する結合を**共有結合**という（図 **2・3**）．水素分子 H_2 は，各原子の1個の価電子が，互いに他の原子核とも引き合っている．共有結合はイオン結合と同様に結合力が強い，非金属原子間の結合であり，このため**共有結晶**は融点や沸点が高く，きわめて硬いが，自由な価電子がないため，電気伝導性はない．

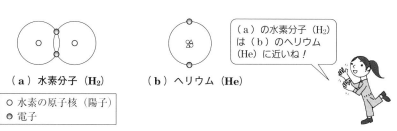

図2・3　共有結合

ダイヤモンドの結晶は，1個のC原子に4個のC原子が共有結合をしながら立体的に結合した巨大分子となっている（図 **2・4**（a））．そのため，きわめて硬く，電気伝導性もない．しかし，ダイヤモンドの同素体である黒鉛（グラファイト）は，軟らかくて電気伝導性があるという反対の性質をもつ．これは，6個の原子が平面的に並び，これが層状となって重なり合っているためである（図2・4（b））．

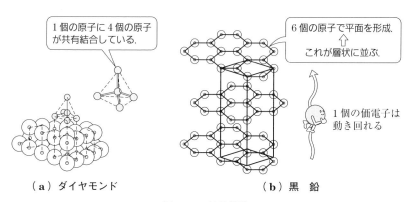

（a）ダイヤモンド　　　　（b）黒　鉛

図2・4　結晶構造

このとき，4個の価電子のうち3個は共有結合をしているが，1個は結晶内を自由に動き回っており，このはたらきで電気が通りやすくなっている．

❸ 金属結合

金属原子が互いに価電子を出し合って陽イオンになり，この価電子が**自由電子**として金属イオン間を動き回る結合を**金属結合**という（**図2・5**）．

すなわち，金属結合では自由電子をすべての原子が共有しているといえる．

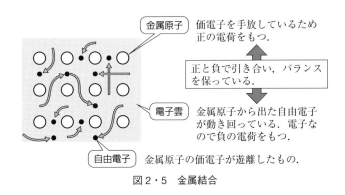

図2・5　金属結合

機械材料として用いられることが多い，金属の性質について，まとめる．

(1) 沸点・融点が高い

金属結合は結合力が強いため，沸点・融点は高い．なお，水銀をのぞいて，常温では固体である．

(2) 密度が大きい

原子核の質量数が大きいことや共有結合のような方向性がないため，金属内で原子が密に詰まっている．そのため，一般的に密度は大きい．

(3) 電気や熱を通しやすい

自由電子が結晶内を自由に移動できるため，電気や熱の伝導性がよい．とくに大きいものとして，Al，Cu，Ag，Auなどがある．

(4) 展延性が大きい

自由電子による結合であるため，結合力に方向性がない．そのため，外力が加わると，これがすべての方向に一様にはたらくことになり，原子間が容易にずれる．よって，展延性が大きい．

(5) 金属光沢をもつ

金属中に多数存在する自由電子は，光をはじくため，金属表面では反射が起こりやすくなり，さらに，それぞれの金属で反射の具合が異なることで各金属で固有の金属光沢が生じる．

❹ 分子間力

分子間にはたらく弱い力を総称して**分子間力**（**ファンデルワールス力**）といい，分子間力によって分子が規則正しく配列したものを**分子結晶**という（図 2・6）．分子結晶は結合が弱く壊れやすいため，融点や沸点が低く，さらに，昇華（固体から気体になること）しやすいものが多い．

例えば，二酸化炭素の分子が規則正しく配列したドライアイスは常温で置いておくと液体にならず気体になる．また，防虫剤に使われているナフタレンも分子結晶で容易に昇華するものである．

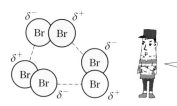

図 2・6　分子結合

❺ 水素結合

原子が化学結合に関係する価電子を引きつける能力のことを**電気陰性度**という．電気陰性度が大きな原子と水素原子（H^+）の結合を**水素結合**といい，一般的には分子間力よりも強い結合である．水（H_2O）やフッ化水素（HF）の沸点が他の同族元素の水素化合物よりも異常に高いのは，水素結合によるためである（図 2・7）．

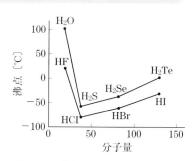

図 2・7　水素化合物の分子量と沸点

2-3 金属の結晶構造

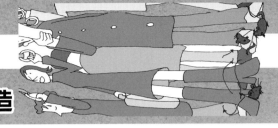

結晶の 形で変わる 変形具合い

Point
① 金属の結晶構造には，体心立方格子，面心立方格子，六方最密構造がある．
② 結晶には，単結晶と多結晶がある．

金属は多数の原子が規則正しく配列して構成されており，これを**結晶**（crystal）という．結晶の集まり方を**結晶構造**といい，その配列を**結晶格子**という（図2・8）．

金属の結晶構造には，**体心立方格子，面心立方格子，六方最密構造**があり，それぞれで物理的な性質が異なる．結晶格子において，1つの原子に隣接する原子の数を**配位数**といい，結晶構造の種類ごとに定まる．

体心立方格子は，立方体の各頂点に1個ずつの原子と，立方体の中心に1個の原子が配列された結晶格子である．体心立方格子をとる金属は詰まり方が少ないので融点が高く，展延性に劣るが，その分，強度に優れたものが多い．配位数は8であり，Cr，Mo，Li，Na，K，V，Ba，W，常温でのFeなどがある．

面心立方格子は，立方体の各頂点に1個ずつの原子と，各面の中心に1個の原

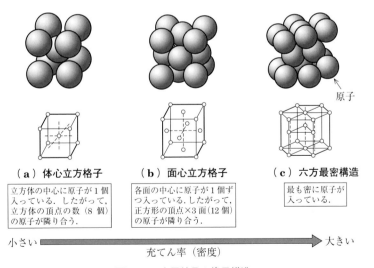

（a）体心立方格子　　（b）面心立方格子　　（c）六方最密構造

| 立方体の中心に原子が1個入っている．したがって，立方体の頂点の数（8個）の原子が隣り合う． | 各面の中心に原子が1個ずつ入っている．したがって，正方形の頂点×3面(12個)の原子が隣り合う． | 最も密に原子が入っている． |

小さい ← 充てん率（密度） → 大きい

図2・8　金属結晶の格子構造

子が配列された結晶格子である．面心立方格子をとる金属は面でずれるので展延性に優れるが，その分，強度が劣るものが多い．配位数は 12 であり，Al，Ni，Cu，Sr，Ag，Pt，Au，高温での Fe などがある．

　六方最密構造は，1 つの平面に正六角形に密に配列された 7 個の原子の層と，そのくぼみに配列された 3 個の原子からなる層が重なった結晶格子である．六方最密構造をとる金属は原子がぎっしり詰まっているため，展延性，強度ともに劣るものが多い．配位数は 12 であり，Mg，Be，Sc，Zn，Cd などがある．

　また，それぞれの結晶格子 1 個の中にある原子の数は，**図 2·9** のように求めることができる．

	体心立方格子	面心立方格子	六方最密構造
結晶格子	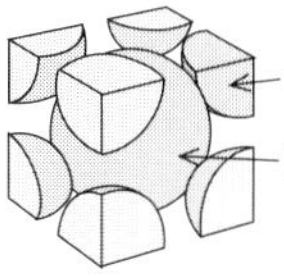 $\frac{1}{8}$ 個分　1 個分	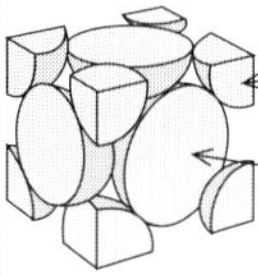 $\frac{1}{8}$ 個分　$\frac{1}{2}$ 個分	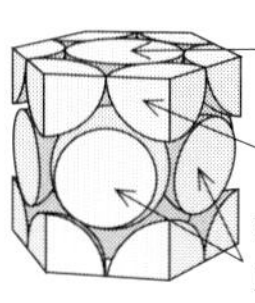 $\frac{1}{2}$ 個　$\frac{1}{6}$ 個　あわせて 1 個
原子の数	$\frac{1}{8} \times 8 + 1 = 2$	$\frac{1}{8} \times 8 + \frac{1}{2} \times 6 = 4$	$\frac{1}{6} \times 12 + 3 + \frac{1}{2} \times 2 = 6$

図 2·9　結晶格子と原子の数

　実際の材料は，これらの結晶格子が空間的に繰り返されることで，できあがっており，この繰返しの数が十分大きいものが，すなわち，結晶である．ここで，十分大きいとは 6.0×10^{23} 個である**アボガドロ定数**個程度のことであり，6.0×10^{23} 個の粒子を 1 mol（**モル**）という．

　この結晶の集まりが，全体として 1 つであり，欠陥や不純物のない完全な結晶を**完全結晶**（または**単結晶**）という（**図 2·10**（a））．しかし，現実の金属の結晶では，欠陥や不純物を完全に排除することは不可能であり，実際は全体が微少な結晶粒の集まりである複数の結晶からできている．これを**多結晶**という（図 2·10（b））．

　例えば，溶けた金属を冷やして固めることを考えてみよう．ある 1 か所を核としてきれいに結晶が形づくられるのではなく，複数の部分が核となって単位格子が形成され，それぞれが成長していく．互いに成長した結晶どうしがどこかで接触するが，このとき，空間的にきちんとはかみ合わないため，そこにすき間ができてしまう．これを**欠陥**といい，単結晶間の境界を**結晶粒界**という．実際の結晶

に欠陥は必ず存在し，個々の材料の特性に大きな影響を与える．なお，金属が多結晶になりやすいのは，含まれている不純物原子が核のはたらきをすることが多いためである．

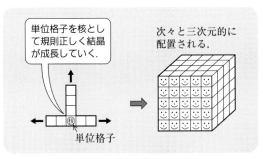

（a）単結晶

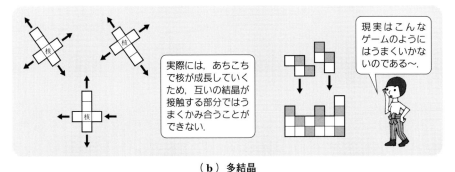

（b）多結晶

図2・10　単結晶と多結晶

ただし，実在の結晶では理想的な状況の単結晶は存在しないが，欠陥の数を減らすことは可能である．例えば，半導体材料として使用されるシリコンウエハには，分子構造がばらばらな多結晶の状態である天然のシリコン（ケイ素，Si）を，材料として分子がきちんと整列した単結晶状態にすることが求められている．代表的な製造法は**図2・11**に示す**チョクラルスキー法**（Czochralski＝CZ法）であり，るつぼで溶けたシリコンの中に釣り糸を垂らすように種シリコンを入れ，回転しながら引き上げる．これにより，欠陥がほぼない単結晶のシリコンインゴット（ほぼ円柱形の固まり）ができあがる．この状態でのシリコンの純度は99.9999999999％（小数点以下9が10個）ほどになる．

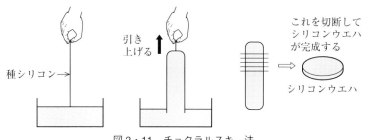

図2・11　チョクラルスキー法

　ガラスやセラミックスは，結晶をつくらない**非晶質**（または**アモルファス**）とよばれる固体である（**図2・12**）．金属でも，規則正しく並ぶ間もないほど材料に対して1秒間に100万℃の超急冷を行うと，液体の状態をそのまま閉じ込めたような固体となり，原子配列が無秩序な状態のアモルファス金属ができる．

　アモルファス金属は普通の金属に比べて，強くてしなやかで，非常にさびにくい，磁気特性に優れるなどの大きな特徴がある．そのため，これらの特性を活かして太陽電池や薄膜トランジスタなどの分野で実用化が進んでいる．当初は薄いリボン状のものしかつくれなかったが，塊であるバルク状のアモルファス合金が開発され，その用途は広がりつつある．

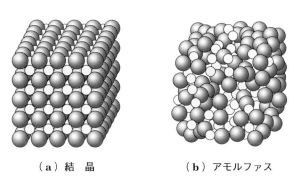

図2・12　結晶とアモルファス

2-4 物質の状態変化

物質は 気・液・固と 姿変え

> **Point**
> ❶ 物質には，気体，液体，固体の三態がある．
> ❷ 金属の状態変化では，その凝固過程を考えることが多い．

物質には気体，液体，固体のいずれかの状態があり，これを**物質の三態**という（図2・13）．すなわち，気体とは各粒子がばらばらに飛び回っている状態，液体とは各粒子が不規則に集まり一定の形をもたない状態，固体とは粒子が規則正しく集まっている状態である．

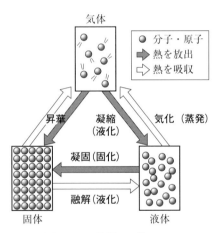

図2・13 物質の三態

温度変化や圧力変化を与えることにより，物質は状態変化をする．固体から液体への変化を**融解**（または**液化**），液体から固体への変化を**凝固**（または**固化**），液体から気体への変化を**気化**（または**蒸発**），気体から液体への変化を**凝縮**（または**液化**），固体から気体，および気体から固体への変化を**昇華**という．

金属の状態変化を考える場合には，液体の状態にある金属（融液）を徐々に冷やしてゆき，どのように凝固していくのかを検討することが多い．種類にかかわらず1種類の金属からなる純金属を液体の状態から徐々に冷やしていったときの

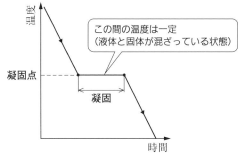

図2・14 純金属の冷却曲線

温度と時間の関係は図 **2・14** のようになる．ここで，凝固が始まってから完了するまでの間，温度は液体から固体に変わるために必要な熱の放出（**潜熱**）のはたらきによって一定に保たれる．また，金属が凝固するこの温度のことを**凝固点**といい，このような曲線を**冷却曲線**という．

実際に機械材料として用いられる金属の多くは，純金属ではなく数種類の元素からなる合金であるため，以下では２種類の成分からなる**二元合金**を取り上げる．

純金属では凝固点が一定の温度であったのに対して，二元合金は凝固が始まってから終わるまでに温度の変化がある．これは，合金を構成する元素や，その割合である組成の違いによって，凝固点がばらつくからである（図 **2・15**）．

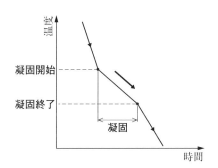

図2・15 二元合金の冷却曲線

さらに，２種類の金属が溶け合うことをもう少し詳しくみていこう．

合金は，主成分となる母体金属に，微量の合金元素が混ざり合うことからなる．母体金属に合金元素が完全に溶け込んだ状態を**固溶体**といい，全体が均一の固体

の組織である固相となっていることを表す．

固溶体には，母体金属への合金元素の原子の入り方によって，**置換型固溶体**と**侵入型固溶体**の 2 種類がある（**図 2・16**）．

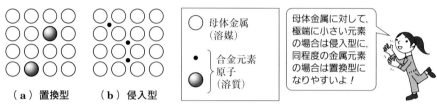

図 2・16　固溶体の種類

置換型固溶体は，母体金属の原子の一部が合金元素の原子に置き換わったものである．これはそれぞれの原子が同じくらいの大きさで，合金元素も金属元素である場合に起こりやすい．例えば，Fe と Ni，Fe と Cr などの固溶体はこの形である．

侵入型固溶体は，母体金属の原子の格子間に，合金元素の原子が入り込んだものである．これは母体金属に比べて，合金元素の原子の大きさが極端に小さい場合に起こりやすい．具体的には，H，C，N，B，O などの元素があげられ，Fe と C の固溶体はこれにあたる．

2 種類以上の金属は必ずしも固溶体をつくるとは限らず，化合物としてそれぞれの金属が別々に存在することもある．**金属間化合物**は合金の一種で，2 種類以上

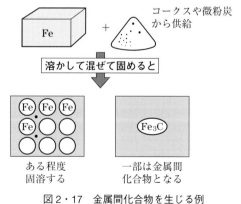

図 2・17　金属間化合物を生じる例

の金属によって構成される簡単な整数比の組成の化合物であり，異なる特有の物理的・化学的性質を示すことが多い．金属間化合物の機械的な性質としてはもとの金属と比べて一般に硬くてもろく，変形しにくいという特徴がある（**図2・17**）．

なお，同じ成分の二元合金における組成の違いによって，凝固点などが異なる．これを確かめるために，**図2・18**のような実験装置を作成する．すなわち，異なる材料の2本の金属線を接続して1つの回路（熱電対）をつくり，一方を試料に，もう一方を0°Cとなる氷水にあてる（冷接点）と，温度差によって回路に電圧が発生する．次にるつぼの中に入れて溶融させる．しばらくした後，るつぼを電気炉からとり出し，冷却しながら，10秒ごとなど一定間隔で温度を読みとり，この経過をグラフにまとめる．

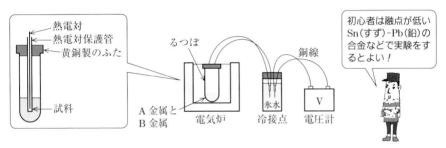

図2・18 冷却曲線を作成するための実験

これによって各組成ごとに冷却曲線は作成できるが，さらに，これを1つの曲線で表すことができると便利である．これを試みたものが**平衡状態図**である（**図2・19**）．平衡状態図の読み方の詳細については，次節で説明する．

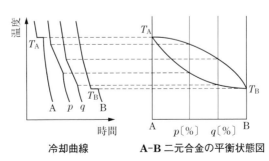

図2・19 合金の冷却曲線と平衡状態図

2-5

平衡状態図

金属の 性質読みとる 便利なマップ

① 金属は，温度や組成によって，さまざまな状態をとる．
② 温度と組成の違いにおける状態の関係を図示したものが平衡状態図である．

❶ 平衡状態図とは

いままでに述べてきたとおり，金属は1つの元素だけで機械材料に用いることは少なく，多くの場合，2種類以上の元素を混ぜ合わせた合金として用いられる．金属の組合せにはさまざまなものがあるが，温度と組成によって一定の組織が定まる．この関係を縦軸に温度，横軸に組成で表したものが**平衡状態図**である．この図から，ある状態での金属の組織を知ることができ，その諸性質がわかる．機械の設計や加工を行うエンジニアが自ら金属の組織を分析することは少ないだろうが，少なくとも材料の研究者たちが取り組んだ成果であるさまざまな平衡状態図を的確に読みこなせるようにしたい．

ここでは代表的な金属材料の平衡状態図をとりあげて，その読み方を紹介する．

❷ 全率固溶体形の状態図

二元合金の成分が液相（液体の状態）でも固相（固体の状態）でも完全に溶け合っており，すべての組成において固溶体となる合金を**全率固溶体**といい，その状態図を図 2・20 に示す．ここで縦軸は温度，横軸は A，B の2成分の組成を表している．横軸の左端は A が 100%，B が 0%，右にゆくにしたがって，A の割合が減少し，B の割合が増加していくことを表している．すなわち，右端では A が 0%，B が 100%となる．

A，B の2成分による合金の状態は液相線より上ではすべて液相，固相線より下ではすべて固相，そして，その間の部分では一部が液相で一部が固相である．状態図を読む場合には，まず読みとりたい組成の部分を横軸から選ぶ．そして，読みとりたい組成が決まったら，その組成が最も高温となる上部の位置に目をおき，そこから冷却していくことを想定し，下に向かって読んでいく．このとき，とくに

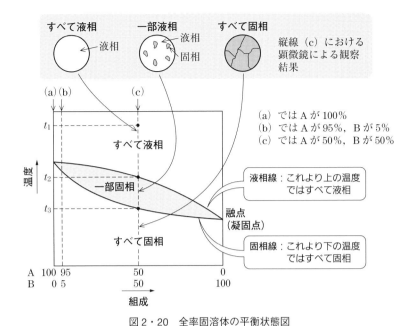

図 2・20　全率固溶体の平衡状態図

液相線や固相線の前後で合金の状態が変化することを念頭に置いておくとよい．

　例として A, B ともに 50% の組成である (c) の位置における状態をみていくことにする．まず，温度 t_1 では両成分とも液相の状態である．ここから温度を下げていくと液相線と接する温度 t_2 では，一部が固相の状態になる．ここで固体の結晶が出始めることを**晶出**という．

　さらに温度を下げていくと固相の割合が増え，固相線と接する温度 t_3 の位置ですべてが固相の状態になる．

　なお，この液相と固相が混ざり合った位置において，それらがどのような割合で存在しているのかについても，状態図から読みとることができる．すなわち，(c) の例で，この混ざり合った部分を拡大すると**図 2・21** のようになり，組成が (c) 上になる点 M から見て，左側の D までの距離である MD が液相の量，右側の C までの距離 MC が固相の量を表している．これは M を支点としたてこのような関係になるため，**てこの関係**ともよばれる．

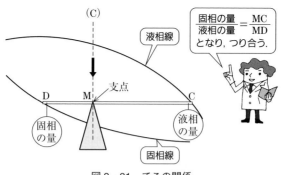

図 2・21 てこの関係

❸ 共晶形合金の状態図

　全率個溶体でない一般の合金では，二元合金の成分が融液では完全に溶け合っているが，固体ではまったく溶け合わずに，AとBの結晶と合金の結晶が混ざり合った組織となる．このように同時に2成分の金属が晶出することを**共晶**といい，共晶反応を表した状態図を**共晶形合金の状態図**という．**図 2・22** の状態図で共晶線とよばれる温度線より温度が下がると2成分が固相でまったく溶け合わない．

　図 2・22 に示す共晶形合金の状態図（その1）と，**図 2・23** に示す固相である範囲までは溶け合う共晶形合金の状態図（その2）について，読み方を説明する．

　まず，図 2・23 の (a)，(b)，(c) のそれぞれの組成について読んでいく．(a) の組成の場合，液相の状態である温度 t_1 から温度を下げていくと，液相線と接する温度 t_2 の位置で金属Aを晶出し始める．はじめに晶出することを**初晶**という．すなわち，この状態では液相と金属Aの固相とが併存しており，これが温度 t_3 まで続く．さらに固相線と接する温度 t_4 まで下げていくと，金属Aと金属Bが同時に晶出する．(c) の場合にはこの逆で，金属Bが初晶してから共晶する．

　(b) の組成では，液相の状態である温度 t_1 から温度を下げていくと，液相線と接する温度 t_4 の位置Eで金属Aと金属Bとが共晶組織（共晶状態の組織のこと）となる．この点を**共晶点**という．

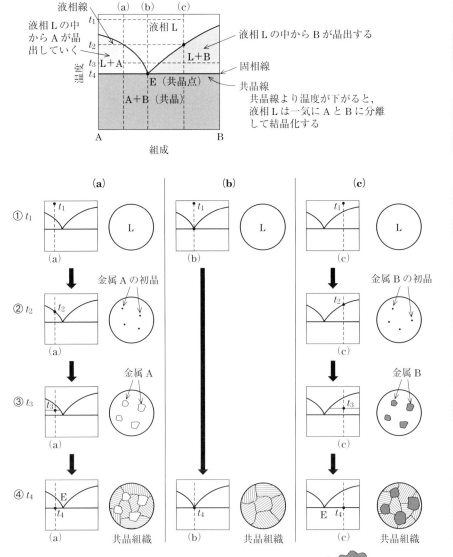

図 2・22 共晶形合金の状態図（その 1）

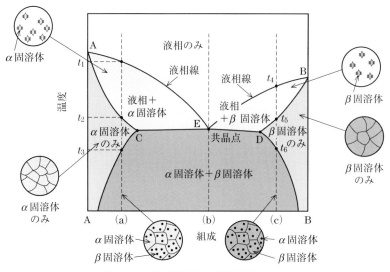

図 2・23 共晶形合金の状態図(その 2)

次に,2 つの金属が固相である範囲まで溶け合う図 2・23 の共晶形合金の状態図(その 2)について考えていく.この状態図の形は,共晶点付近は図 2・22 と同じであるが,両端の形が異なる.

組成が (a) の合金を液相の状態から冷却していくと,まず t_1 で凝固が始まり,金属 A の固溶体が晶出し始める.この固溶体のことを **α 固溶体** という.この晶出は温度 t_2 まで続き,この点ですべてが α 固溶体になる.さらに温度が t_3 まで下がると,α 固溶体から金属 B の固溶体である **β 固溶体** が晶出し始める.この状態では α 固溶体と β 固溶体が存在している.

(c) の場合にはこの逆で,温度 t_4 で金属 B が β 固溶体を晶出してから,温度 t_5 ですべてが β 固溶体となり,温度 t_6 で α 固溶体が晶出し,その以下の温度では α 固溶体と β 固溶体が存在している.

(b) の組成では,液相の状態から温度を下げていくと,点 E の共晶点で共晶組織となる.なお,状態図において,共晶組織よりも左側にある合金を **亜共晶合金**(図 2・22 (a) の④),共晶組織よりも右側にある合金を **過共晶合金**(図 2・22 (c) の④)という.

❹ その他の平衡状態図

その他の平衡状態図として，次のようなものがある．

① 金属間化合物がある状態図

金属間化合物は，2種類の金属が固溶体をつくらず別々に存在しているため，独特の状態図を形づくる．**図2・24**にその一例をあげるが，図の中央付近に示した1本の点線があり，この左右で別々の2つの共晶反応が起こることが多い．この図でAmBnは，A原子m個，B原子n個の金属間化合物を表している．

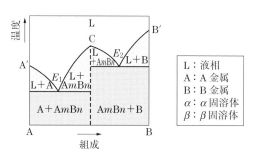

図2・24 金属間化合物がある状態図

② 共析形の状態図

単一の固溶体から2つの固溶体を析出する，固相から固相への変態を**共析**という．**図2・25**において，β固溶体からα固溶体+β固溶体となる部分が共析変態を表している．なお，Fe-C系の鋼の場合，炭素含有量0.77％C，温度727℃で共析が起きることが知られている．

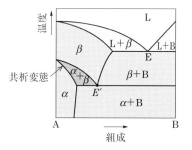

図2・25 共析形の状態図

2-6 金属の変形

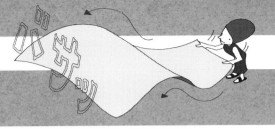

―― 金属は 結晶が すべって 変形する

❶ 金属の変形には，弾性変形と塑性変形がある．
❷ 金属の変形は，転位のはたらきによるものが多い．

❶ 金属の変形

　金属には荷重を加えて変形させてから，荷重をとりのぞいたときに，変形がもとに戻る**弾性**という性質と，変形がもとに戻らない**塑性**という性質がある（図 2・26）．金属を構造材料などに用いる場合には，変形が残ると困るため，加わる荷重が弾性範囲内に収まるように設計する．一方，板材の曲げ加工などでは，変形がきちんと残らないと困るため，塑性範囲まで荷重を加えて加工を行う必要がある．

　金属の塑性変形は，規則正しく並んでいる結晶がすべることによって起きるこ

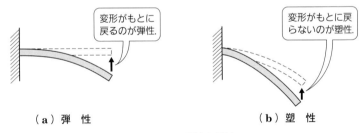

図 2・26　弾性と塑性

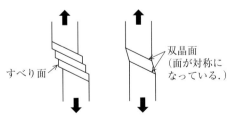

図 2・27　金属の塑性変形

とが知られている．これを**すべり**といい，**すべり面**の方向は結晶構造の種類によって決まる．また，このすべりはもとの結晶構造に対して，すべり面を対称面とした対称の関係にある．これを**双晶**といい，顕微鏡による観察で確認できる（図 2・27）．

❷ 転　位

なお，実際の材料の結晶構造は，完全にきちんと並んでいるのではなく，ところどころに乱れた部分や抜け落ちた部分などがある．これを欠陥といい，塑性変形のもととなるすべりが起きるきっかけとなることが多い．欠陥が線状になった乱れを**転位**といい，金属の変形の多くは転位によるものであることが知られている．転位には，結晶中にナイフを入れたような**刃状転位**，らせん階段を下るような**らせん転位**などの形状がある（図 2・28）．実際の結晶格子に含まれる転位は，刃状とらせんの両方の性質をもった**混合転位**であることが多い．

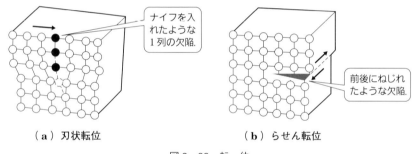

（a）刃状転位　　　　　　　（b）らせん転位

図 2・28　転　位

また，実際の金属材料は，理論的に求めたせん断応力（すべらせるために必要な力）よりもはるかに小さな力で加工できることが知られているが，これも転位のはたらきによるものである．

すなわち，塑性変形における原子の移動は，一度に全体が動くのではなく，転位の広がりによって徐々に動いていくのである．これは大きめのカーペットを動かすときに，全体を引張るよりも，上下に力を加えて波状にして動かしたほうが摩擦が減って楽なことと似ている．

章末問題

問題 1 原子の構造について，原子核，電子，陽子，中性子，原子番号の語を用いて説明しなさい．

問題 2 代表的な 3 つの化学結合の名称とその特徴を述べなさい．

問題 3 アモルファスとはなにか．また，普通の金属と比較してどのような性質があるかを述べなさい．

問題 4 金属の代表的な性質を 3 つあげなさい．

問題 5 金属の代表的な結晶構造を 3 つあげ，Fe（常温），Al，Cu が，それぞれどれにあてはまるのかを答えなさい．

問題 6 物質の状態変化において，固体から液体への変化，液体から固体への変化，液体から気体への変化，気体から液体への変化をそれぞれ何というか答えなさい．

問題 7 固溶体とは何か．また代表的な 2 つの型を答えなさい．

問題 8 金属間化合物とは何か．また，一般にどのような機械的性質をもつかを答えなさい．

問題 9 平衡状態図において観察される共晶と共析の違いを述べなさい．

問題 10 金属の変形において，重要な役割を果たしている転位とは何か述べなさい．

第3章

炭素鋼

　自動車，船舶，飛行機などの機械，ビルやタンカーといった大型構造物の主要な構造材料は「鋼」である．
　鉄資源は潤沢かつ安価であり，加工も比較的容易で，さらに再生利用方法も確立した材料であるため，機械材料の強度を考えるときには，「鋼」を基準として考える．
　本章では構造材料の主役である炭素鋼のさまざまな性質について学ぶ．

3-1 鉄鋼ができるまで

―――― 高炉から銑鉄どろどろ流れ出す

① 鉄鋼材料の生産工程は，製銑工程と製鋼工程に分けられる．
② 鉄鋼材料はリサイクル方法の確立された材料である．

鉄鋼材料の生産工程は，次のようにまとめられる（図3・1）．

① **原料工程**

鉄鋼材料の原料は，**鉄鉱石**，**石炭**，**石灰石**である．陸揚げされた原料はヤードとよばれる備蓄場所に数十日間，野積みされる．効率よく製銑するために，鉄鉱石は石灰石と混ぜて焼き固められる．これを 焼 結 鉱 とよぶ．

また，石炭は粉の状態で採掘されることが多く，軟らかくもろいため，蒸し焼きにし，適度な大きさに固めたコークスにする．

② **製銑工程**

鉄鉱石は酸化鉄であり，多くの不純物を含んでいる．そのため製銑工程では，焼結鉱とコークスを交互に高炉に投入し，熱風を送り，高炉の中でコークスを燃焼させ，鉄鉱石を加熱・溶融する．この熱で不純物を酸化，燃焼し，分離，除去するのである．また，酸化鉄から酸素をうばうはたらきもある．

石灰石は，鉄鉱石に混ざっていた岩石と結合し，軽いスラグ（不純物が石灰とともに集まったもの）となって溶け落ちる．溶けた鉄とスラグは高炉の下部にたまり，重い銑鉄と軽いスラグに分離する．高炉の下部にたまった銑鉄（C，Si，S，Pといった不純物を多く含むFe）は 出 銑口 から取り出される．

③ **製鋼工程**

鋼を生産する工程を製鋼工程といい，**転炉**という大きな入れ物にくず鉄と銑鉄を入れて加熱する．また，このとき酸素を吹き込んで余分な炭素を一酸化炭素にしてとりのぞく．さらに，高級な材料に仕上げるためにはCのほか，PやSなどの不純物もとりのぞく．こうして目的の成分に調整の後，造塊し，いったんインゴットにした後，あるいは**連続鋳造**で直接スラブ（厚板）やブルーム（太い棒）などの形にして出荷する．

製鋼工程では，スクラップとして回収したくず鉄も利用する．また，くず鉄を

主な原料として製鋼する企業もある．

鉄鋼材料は，純度を高めるための精練技術が古くから発達しているため，比較的低コストで精練できる．また，リサイクル方法も確立されている．

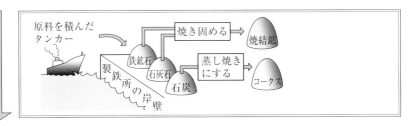

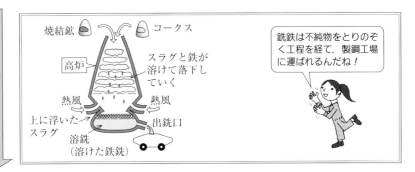

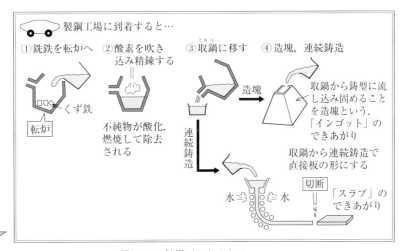

図3・1　鉄鋼ができるまで

3-2 炭素鋼の性質

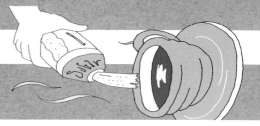

含んでる 炭素で決まる 鋼の性質

Point
① 鉄と鋼は，純鉄と炭素鋼のことであり，別物である．
② 純鉄は同素変態をして，その性質を変える．

❶ 純鉄と炭素鋼

　私たちが一般に鉄とよんでいるものは，元素記号 **Fe** で表される元素の**鉄**の塊だと思ってしまっていることが多い．しかし，私たちの身の回りにある鉄製品のうち，純度100％の鉄でできているものはほとんどない．多くの場合，炭素を含んでおり，これを**炭素鋼**（たんそこう）といい，省略して　**鋼**（こう，または，はがね）とよんでいる．このことは英単語を思い浮かべると理解しやすい．元素の鉄は iron（アイアン）であり，鋼は steel（スチール）という．実際，飲料缶のことをスチール缶という．

　なお，炭素鋼における炭素の含有量は材料の機械的性質に大きく影響する．その関係を図 **3・2** に示す．ここから読みとれることは，炭素量が多くなると，引張強さや硬さが増加し，伸びや絞りが減少するということである．

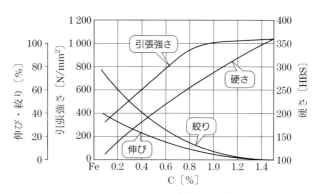

図3・2　炭素量と機械的性質

❷ 純鉄の性質

　これまでみてきたように，物質は固相，液相，気相などの状態変化をともなうが，それだけでなく，固相の中でもいくつかの異なる結晶構造をとる物質もある．その代表が**純鉄**である．

　純鉄を融液の状態から温度を下げていくと，1 535℃ で凝固し，このときの結晶構造は体心立方格子である．さらに温度を下げていくと，1 394℃ で結晶構造が面心立方格子に変化する．これを A_4 **変態**といい，純鉄は δ 鉄から γ 鉄になる．さらに温度を下げていくと，911℃ で結晶構造は面心立方格子から再び体心立方格子に変化する．これを A_3 **変態**といい，γ 鉄は α 鉄になる．このように固相の中で状態が変化することを**同素変態**という（図 3・3）．

　金属は加熱すると膨張するが，結晶構造が変化する A_4 点と A_3 点では，より大きな変化が生じる．すなわち，δ 鉄が γ 鉄になるときには大きく収縮し，その後も少しずつ収縮を続けるが，γ 鉄が α 鉄になるときには再び膨張するのである．

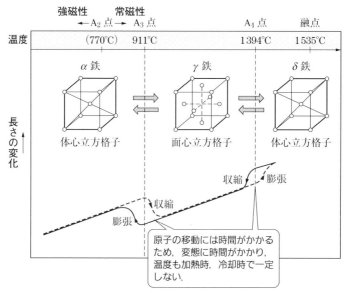

図 3・3　純鉄の同素変態

　結晶構造が変化して，純鉄や鋼が伸縮することは，簡単な実験で確認できる．図 3・4 のように直径 1 mm 程度の高炭素硬鋼線のピアノ線を長さ 1 m ほど用意

して，両端をピンと張って固定する．そして，スライダック(変圧器の一種)などを用いて電圧を加えると，ピアノ線には電流が流れて発熱し，ピアノ線の内部温度が上昇し，膨張によって緩んで垂れ下がる．このときピアノ線は赤くなっている．

次に，スイッチを切り，電流を加えるのを止めると，赤みはなくなり，ピアノ線は収縮していく．ここで収縮して終わりではないところがこの実験のおもしろいところである．温度が下がっていく過程で，間もなく，縮んでいたピアノ線が赤みを取り戻し，逆に伸びて垂れ下がるのである．このとき，ピアノ線は細かく振動して音を出す．この一連の長さの変化が同素変態なのである．

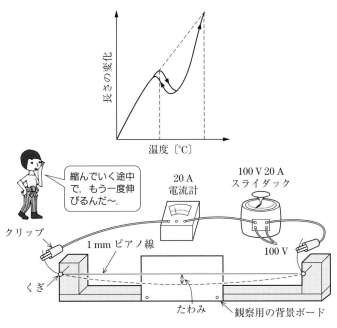

図 3・4 同素変態を観察する実験装置

❸ 純鉄の磁気変態

一般に Fe は磁石に引き寄せられると考えられているが，磁化(磁性をもつこと)の強さは温度によって変化する．はじめに磁性に関する基礎的な事項をまとめておく．

Fe や Ni，Co などの金属は，磁場内できわめて強く磁化され，磁場をとりのぞ

いても残留磁化を残す**強磁性**という性質を示す**強磁性体**である．これに対して，Al や Mn，Pt などの金属は外部からの磁場によって，その磁場と同じ強さ・方向に磁化される**常磁性**という性質を示す**常磁性体**である．常磁性体は，外部からの磁場がないときには磁性をもたない．

Fe は常温では強磁性体であるが，実は加熱していくと約 770°C で常磁性体に変化することが知られている．これを**磁気変態**といい，この温度を**磁気変態点**または**キュリー点**という．また，この点を A_2 点ともいうが，これは前述した A_3 点や A_4 点とは異なり，結晶構造の変化はみられない．そのため，これを同素変態ではなく磁気変態とよぶ（**図 3・5**）．

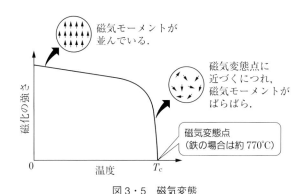

図 3・5　磁気変態

電磁気学の授業で教わるように，本来，電気と磁気は切り離すことができないものであり，実際，私たちの生活を支えている家電製品やコンピュータなどの電気機器は磁性材料なしでは成り立たない．とくに強い磁性を保持する**永久磁石**はモータや発電機，通信機器，スピーカなどに幅広く用いられている．わが国では古くは 1916 年に本多光太郎らが開発した **KS 鋼**，その 15 年後に三島徳七らが開発した **MK 鋼**，その後のアルニコ磁石など，優れた磁性材料の研究が進められきた．

一方，機械を設計する場合には，磁性をもってほしくない場面も数多くある．そのような場合に備えて，強度に関する知識だけでなく，その材料の磁気的な性質についても知っておく必要がある．例えば，半導体や超伝導，計測関連などで非常に微細な部分のねじを選ぶ場合には，Fe 系のねじだけでなく，Al や Ti の材質についても検討しておかねばならない．

3-3 炭素鋼の平衡状態図

炭素鋼 真珠の輝き パーライト

① 炭素鋼の状態は，Fe-C系平衡状態図で表される．
② 炭素鋼の組織には，フェライト，オーステナイト，セメンタイト，パーライトなどがある．

　Feに少量のCを含む炭素鋼は，含む炭素量によって性質や組織が変化するため，その状態は**図3・6**に示すような**Fe-C系平衡状態図**で表される．ここで縦軸は温度，横軸は炭素の割合を示している．実用的な引張強さや硬さ，粘り強さを兼ね備えている炭素鋼は，炭素を0.6%以下含んだものである．なお，0.6%の炭素を含んだものを0.6%Cと表記する．0.6～2.14%Cの炭素鋼は0.6%C以下の炭素鋼と比べて，延性が小さいため加工が難しい．

　以下では，Fe-C系平衡状態図を読みながら，その組織をみていく．
　純鉄のところで紹介したα鉄，γ鉄，δ鉄にそれぞれ炭素を固溶したものをそれぞれα固溶体，γ固溶体，δ固溶体という．

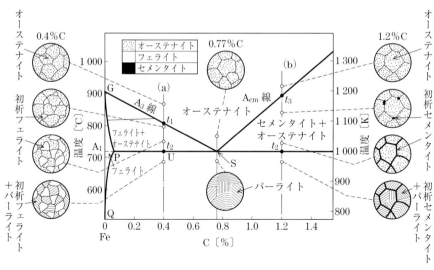

図3・6　Fe-C系平衡状態図とその組織

状態図の左端は，純鉄や極低炭素鋼とよばれる C が少ない鋼の領域であり，ここでの α 固溶体の組織を**フェライト**という．フェライトは，純鉄では 911℃ 以下の温度領域で変態する体心立方格子でできた組織であり，炭素量が，多くても 0.02% 以下と少ないため，鉄鋼の中で最も軟らかく，延性も大きい．また，フェライトは通常，強磁性体であり，腐食しやすいという欠点がある．

フェライトが 911℃ を超えると，γ 固溶体の組織である**オーステナイト**に変化する．この温度を A_3 点ということはすでに説明したとおりである．

炭素鋼は，常温においてフェライトよりも炭素量が多いと，初析は Fe と C の化合物 Fe_3C となり，これを**セメンタイト**という．これは，非常に硬くてもろい組織をもつが，腐食しにくい．なお，図 3·6 の状態図で常温とは，縦軸が 0 に近い部分をいう．

また，0.77%C の γ 固溶体を冷却していくと，727℃ でフェライトとセメンタイトを同時に析出する．これを**共析変態**，または **A_1 変態**という．ここで，前述した共晶と共析はどう違うのかと疑問をもたれるかもしれない．共晶が融液から 2 つの固溶体への変化であったのに対して，共析は γ 固溶体から，α 固溶体とセメンタイトへの変化である点に違いがある．すなわち，共析とは固体中での変化を表している．

なお，ここで析出したフェライトとセメンタイトは，細かな層状に重なり，金属顕微鏡で観察するとパール（真珠）色に見えるため，**パーライト**とよばれる．

共析変態が起きる 0.77%C での炭素鋼は**共析鋼**とよばれ，炭素量が 0.77%C 未満のものを**亜共析鋼**，炭素量が 0.77%C より多いものを**過共析鋼**という（図 3·7）．なお，すべてがパーライトになるのは共析鋼だけであり，亜共析鋼は初析フェライトとパーライト，過共析鋼は初析セメンタイトとパーライトからなる．ここで初析とは，変態において最初に現れる，結晶粒界にあまり C を固溶しないフェライトやセメンタイトということを意味する．

次に，亜共析鋼である組成（a）と過共析鋼である組成（b）をオーステナイトから徐冷（ゆっくり冷やす）していくときの様子を状態図から読みとる．

Fe-C 系状態図をイメージしやすくするため，Fe をビターチョコレート，C をホワイトチョコレートとして考えてみる．黒いビターチョコレートと白いホワイトチョコレートをある組成で溶かしてから固めていくとき，両者がバランスよく同時に現れて茶色くなる．これが共析のイメージである．

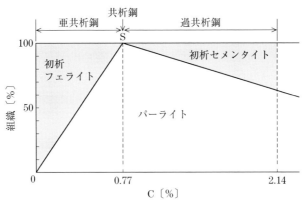

図3・7 炭素量と組織

① 亜共析鋼の変態と組成

組成（a）の場合，オーステナイトから徐冷していくと，まず温度 t_1 で A_3 線と交わってフェライトが析出し始める．さらに，温度が下がるにつれて，フェライトの量が増加して，残りのオーステナイトの炭素量が増加する．そして温度 t_2，すなわち A_1 変態の温度に達すると，初析フェライトと共析組織のオーステナイトとなり，この温度でオーステナイトはパーライトに変わる．よって，これ以下の温度では，初析フェライトとパーライトの組織になる．

② 過共析鋼の変態と組成

組成（b）の場合，オーステナイトから徐冷していくと，まず温度 t_3 で A_{cm} 線と交わるとセメンタイトが析出し始める．温度が下がるにつれて，セメンタイトの量が増加して，残りのオーステナイトの炭素量が減少し，A_1 変態の温度に達すると，初析セメンタイトと共析組織のオーステナイトとなり，この温度でオーステナイトはパーライトに変わる．よって，これ以下の温度では，初析セメンタイトとパーライトの組織になる．

COLUMN　傾斜機能材料 ....

　熱を伝える，電気を通す，光を通す，強度があるといった材料のもつ性質は，一般にはその材料を通して等しいものであると考えられる（本書では第9章の複合材料で，唯一，力を加える方向によって強度が異なる異方性という考え方を説明している）．ところが，1987年にわが国の研究者らによって，材料の部分によって違った機能をもつ常識外れの材料が世界に先駆けて提案された．これは，材料の内部で，機能が連続的に変化（傾斜）しているので，傾斜機能材料（Functionally Graded Material：FGM）と名づけられた．

　この材料の研究は，ロケットの外壁の，外部と内部の温度差の問題への取り組みとして始まった．ロケットの外部は1700℃以上にもなり，内部との温度差が1000℃という過酷な条件に耐えなければならない．そこで，外側に熱伝導度の小さなセラミックス，内側には熱伝導度の大きい材料と，性質の異なる材料を張り合わせ，その境目をなくすというアイデアが生まれたが，このとき，単純に2種類の材料を貼り合わせたのでは，熱膨張率の違いによって，両者の境目から割れてしまうため，2つの材料が徐々に混ざり合うように工夫する研究が必要になったのである．すなわち，材料の表面ではA材料が100％，B材料が0％であっても，少し内部へ入るとA材料が90％でB材料が10％，材料の中央付近ではA材料が50％でB材料が50％という具合いに性質がなだらかに変化（傾斜）してゆき，最終的には材料の裏面ではB材料が100％，A材料が0％となるようにするのである．

　このように当初は熱応力を緩和させるための研究から緒についた傾斜機能材料だが，その後，幅広い機能発現の可能性が提案・研究され，現在では電気，光学，原子力から生体材料にいたる分野にまで，その研究は広がりをみせている．

3-4 炭素鋼の熱処理

熱処理で 鋼の性質 自由自在

Point
❶ 熱処理とは，金属を加熱・冷却することにより，その機械的性質を改善することである．
❷ 熱処理には，焼入れ，焼戻し，焼なまし，焼ならしがある．

❶ 熱処理とは

　炭素鋼は，適当な温度で加熱・冷却することによって，その機械的性質をさらに改善することができる．この加熱や冷却のさまざまな操作のことを**熱処理**という．炭素鋼の熱処理には，**焼入れ**，**焼戻し**，**焼なまし**，**焼ならし**などの操作がある．以下では，これらの内容について詳しくみていくにあたって，先に学んだ平衡状態図と熱処理との関係を簡単にまとめておく．

　炭素鋼の平衡状態図（図3・6）では，炭素量と温度によって，その組織がいろいろと変化することはわかったが，このような疑問をもつことはなかっただろうか．すなわち，「炭素鋼は温度によって変化するといっても，実際にその炭素鋼を使用するのは常温付近なのであるから，高温の状態でどのような組成であっても関係ないのではないだろうか？」「オーステナイトは粘り強いといっても，高温でしか存在しないのならば，実用上は役に立たないのではないだろうか？」「常温付近ではほとんどの場合，硬くてもろいパーライトやセメンタイトであるならば，常温での炭素鋼はほとんどが硬くてもろいのではないだろうか？」．

　平衡状態図からは確かにこのような読みとり方しかできない．ここで"平衡"とは，つり合いを保ちながら，「ゆっくり温め，ゆっくり冷やす」という意味合いがある．そのため，平衡状態図には時間軸がないのである．これに対して，熱処理では，「ゆっくり温める」と「急いで温める」を異なるものとして扱うことになる．とくに「急いで」という部分が重要となるのだが，これは平衡状態に対して非平衡状態を意味している．そして，この状態での変化を適切に扱うことによって，常温でも強くて粘り強い炭素鋼をつくり出すことができるようになるのである．

　次に，同じ組成の炭素鋼で冷却方法を変えると，どのような現象が起きるのか

を考える．図 3・8 は，オーステナイト組織の状態にある共析鋼を炉内などで徐冷，空冷（空気中に放置），油冷（油の中に投入），水冷（水の中に投入）したときの長さの変化を表したものである．ここで，縦軸の 0 点はそれぞれ異なっているが，比較しやすくしているだけで，もとの長さが異なることを意味しているのではない．

炉内などで徐冷する場合には，平衡状態図に示すように 727°C で変態するような状態変化が起きる．これに対して空冷では約 600°C，油冷では約 500°C，水冷では約 200°C で変態が起きる．また，それぞれにおける膨張の度合いは長さの変化として現れる．

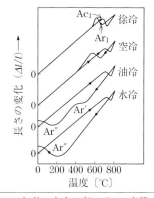

図 3・8 冷却速度の違いによる共析鋼の長さの変化

Ac_1　加熱のときに起こる A_1 変態
Ar_1　冷却のときに起こる A_1 変態
Ar'　細かいパーライト組織に変態
Ar''　C を過飽和に固溶した α 固溶体に変態

200°C 付近で起きている変態は，安定したオーステナイト組織を急冷させたときにみられることが多く，これを**マルテンサイト変態**という（図 3・9）．この変態は急激に起きるため，変態後は非平衡状態のまま，針状の微細な組織となる．さらにこのとき，ひずみが大きくなり，この作用により硬い鋼となる．後述する焼入れをすると硬くなるというのは，この変態が起きるためである．

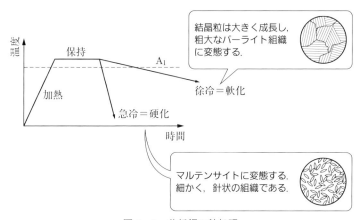

図 3・9 共析鋼の熱処理

❷ 熱処理の種類

① 焼入れ（quenching）

焼入れとは，炭素鋼をオーステナイトの状態から水や油で急冷することによって，マルテンサイト組織の状態に変化させる熱処理である（**図3・10**）．これにより，炭素鋼は硬くなるが，粘り強さを表す靱性は低下する．

図3・11のように焼入れは，0.77％C未満の亜共析鋼の場合にA_3線より30〜50℃高い温度まで加熱，共析鋼および過共析鋼の場合にA_1線より30〜50℃高い温度まで加熱することを指す．そして，十分な時間，保持した後に急冷する．

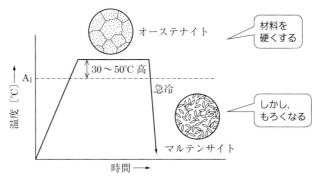

図3・10　焼入れの操作

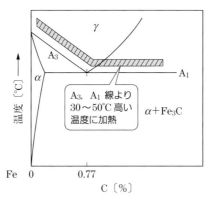

図3・11　焼入れの加熱温度

② 焼戻し（tempering）

　焼入れをしたマルテンサイトは，硬さはあるがもろいという性質がある．**焼戻し**とは，これを改善するために，A_1 線よりも低い温度まで再加熱した後，適当な速度で冷却する熱処理のことである（**図 3・12**）．**図 3・13** のように加熱温度は鋼の成分により大きく異なるが，構造用の炭素鋼では 400°C 程度で行われる．この熱処理で，マルテンサイトから Fe_3C の形で C を出すと，微細なフェライトと炭化物からなるきわめて腐食されやすい**トルースタイト**とよばれる組織になる．

　さらに高い温度である 550～650°C で焼戻しをすると，Fe_3C がやや粗大化した**ソルバイト**という組織になる．トルースタイトはマルテンサイトよりも，やや軟らかいが粘り強さがあり，ソルバイトはさらに粘り強くなる．一方，トルースタイトのほうがソルバイトよりも硬い．

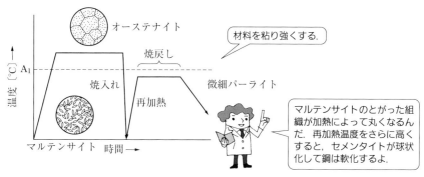

図 3・12　焼戻しの操作

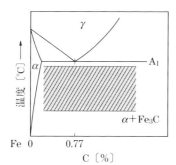

Fe-C 系平衡状態図の一部

図 3・13　焼戻しの加熱温度

③ 焼ならし（normalizing）

　金属は塑性加工によって変形するが，変形が進むほどさらなる変形に対する抵抗が大きくなり，すなわち硬さを増す．これを**加工硬化**という．**焼ならし**は，加工硬化などによって生じた材料内部のひずみをとりのぞいたり，組織を標準の状態に戻したり，微細化したりする熱処理である（図3・14）．焼ならしは，鋼をオーステナイト組織の状態で十分保持した後，空気中で十分に冷却することで行われ，これによって微細化したパーライトにする（図3・15）．

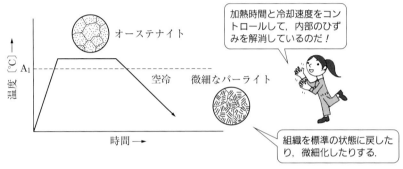

図3・14　焼ならしの操作

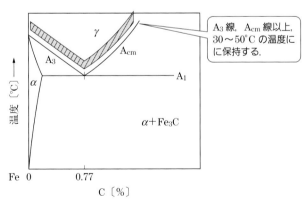

Fe-C系平衡状態図の一部

図3・15　焼ならしの加熱温度

④ 焼なまし（annealing）

　焼なましは，加工硬化による内部のひずみをとりのぞき，組織を軟化させ，展延性を向上させる熱処理である（**図 3·16**）．鋼をオーステナイト組織の状態で十分保持した後，炉中で徐冷することで行われ，これによって展延性に優れたパーライトになる．なお，焼なましのことを**焼鈍**（しょうどん）ともいう．

　図 3·17 のように焼なましは，亜共析鋼の場合は焼ならしと同じく A_3 線より約 30〜50°C 高く加熱，過共析鋼の場合は A_{cm} 線ではなく A_1 線より約 30〜50°C 高く加熱する．

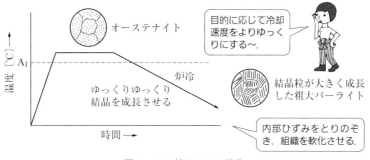

図 3·16　焼なましの操作

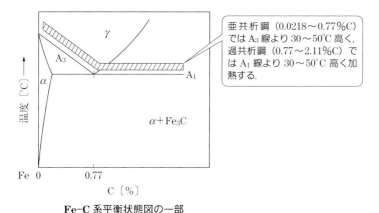

Fe-C 系平衡状態図の一部

図 3·17　焼なましの加熱温度

⑤ 表面熱処理

鉄鋼材料に熱処理を施すことによって改善される機械的性質には,強度や硬さ,粘り強さがある.しかし,一般的に硬い材料はもろい性質を兼ね備えていることが多いため,どんな熱処理を施しても,このような相反する性質を都合よく改善することはなかなか難しい.

これまでみてきた4種類の熱処理は,その材料全体に対して施されるという意味で**全体熱処理**とよばれる.これに対して,「表面だけ硬くしたい」とか,「表面だけ摩耗に強くしたい」という熱処理もあり,これを**表面熱処理**という.

技術の発展とともに,機械材料には耐摩耗性や耐食性,寸法精度,表面の状態などにおいて年々,高精度が求められるため,さまざまな表面処理技術の研究が進められている.ここでは,代表的な表面熱処理をいくつか紹介する.

・浸 炭

浸炭とは,0.2%以下の低炭素鋼の表面にCを浸み込ませて表面を硬くする熱処理である.これにより,低Cの部分は柔軟な組織,高Cの部分は粘り強く,耐摩耗性のある組織になる.材料に曲げ応力などが加わった場合,応力が最大となるのは正面付近であり,また耐摩耗性は表面だけに求められればよいため,このような熱処理は好都合なのである

Cを浸み込ませるためには,まずその材料をオーステナイトにしてから,Cを固体,液体,ガスなどの状態にして熱処理を行う.**固体浸炭**は,木炭を主成分とする浸炭剤を加える方法である(**図3・18**).古くから行われていた方法であるが,硬化層を均質にすることが難しく,作業環境も悪いことから現在ではあまり用いられていない.液体浸炭は,青酸ソーダなどを主成分とする浸炭剤を加える方法

①低炭素鋼を900〜950℃に加熱する(オーステナイト化).

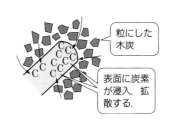
②C原子が表面に浸入していく.

③焼入れ,焼戻しをして表面を硬化させる.

図3・18　固体浸炭

であるが，シアン公害などの問題があるため，こちらも現在はあまり用いられていない．一方，メタンガスなどを浸炭性ガスとして加える**ガス浸炭法**や，真空炉を用いて浸炭性ガスを加える**真空浸炭**は，炭素濃度の調節が可能であり，作業環境もよいため，現在多く用いられている．なお，浸炭によってできる硬化層の深さは，それぞれの処理によって異なるが，0.1〜3.0 mm 程度である．浸炭の後には，状態を安定させるため焼入れや焼戻しを行うことが多い．

・窒 化

窒化とは，炭素鋼の表面に N を浸み込ませて表面を硬くする熱処理である．これにより表面に窒化鉄ができるため，浸炭と違って後に焼入れなどの熱処理を行う必要はない．N を浸み込ませる方法には，アンモニアガスを用いた**ガス窒化**，放電を用いたガス窒化の一種である**イオン窒化**（プラズマ窒化ともいう）などの種類がある．

・高周波焼入れ

炭素鋼に電流を流すと，通常はすべての部分に流れるが，高周波にすると表面層にだけ流れるようになる．

高周波焼入れとは，この原理を用いて，高周波誘導加熱によって鋼を焼入れする熱処理である．浸炭や窒化が表面の化学成分を変える熱処理であるのに対して，こちらは焼入れだけで表面を硬くする物理的な熱処理といえる．

❸ 熱処理の実際

温度を 1℃ 刻みで制御するような，本格的な熱処理を行う環境はそれほど多くないであろう．しかし，何らかの形で実際に実習をすることがなければ，熱処理を学んだといっても，単なる知識で終わってしまう．ここでは実際に熱処理を行うことによって，目の前で金属が硬くなったり，粘り強くなったりすることを観察できる簡単な実験を紹介する（**図 3・19**）．

しかし，熱処理温度を設定しても，実際にその温度を測定することは容易ではない．なぜなら，どんな温度計を用いても，それはその材料付近の間接的な温度であり，厳密にその材料の温度ではないからである．したがって，温度計に頼らず，炭素鋼の発する色で温度を見抜くこととしよう．そこでまず炭素鋼を加熱したときに，その色がどのように変わっていくのかをみておく．

鋼を加熱していったときに色づく温度は約 600℃ である．この状態では赤黒く暗い色をしているが，さらに加熱することによって，明るいオレンジ色に輝くよ

うになる．そして，平衡状態図のところで紹介したA_1変態点である727℃では，かなり明るいオレンジ色になる．

　A_1変態点は熱処理において重要な温度であるため，ここに達したかを色で判断できることは有効である．

　直径が6 mm程度の丸棒を用意して，バーナーで加熱することで，この現象を再現できる．すなわち，まずかなり明るいオレンジ色に輝くようになるまで材料を加熱して，しばらくしたら，これを水の中に入れて急冷する．これが焼入れである．硬さ試験機があれば，ここで硬くなったことを数値で知ることができる．

　硬さだけでなく，粘り強さを増加させるため，続けてしばらくしたらこれに焼戻しを行いたい．このときは，鋼がオレンジ色に輝く手前，すなわち赤黒く色づくまで加熱してから，今度は空中でゆっくりと冷ませばよい．これだけでも材料の性質が改善されることがわかるはずである．

（a）焼入れ

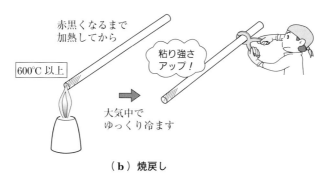

（b）焼戻し

図3・19　簡単な熱処理実験

COLUMN　たたら製鉄

　日本では弥生時代から幕末の1850年代ごろまで,中国地方を中心として**たたら製鉄**とよばれる独自の製鉄技術を有していた(**表3・1**).

　たたら製鉄は,原料として純度の高い砂鉄を用い,木炭を燃料として,人力による鞴(ふいご)(送風器具)で風を送りながら行われる製鉄法である.土でつくられた炉には砂鉄と木炭を交互に投入しながら,三昼夜にわたって燃やし続ける.もちろん温度計などないため,炉内の溶融状態は,小さくあけられた湯路穴から流れ出る**のろ**の具合をみて判断していた.これを行っていたのは作業の指揮者である**村下**(むらげ)とよばれる人物である.

　三昼夜の後,炉を壊して底にたまった鉄の塊を鉧(けら)という.たたら製鉄で得られる鋼を西洋式近代製鉄法による洋鋼と区別するために**和鋼**(わこう)や**玉鋼**(たまはがね)という.

　和鋼を用いて当時つくっていたものは,日本刀や包丁,農耕具などである.とくに粘り強さや硬さが求められていたものが日本刀である.炭素鋼は含む炭素量によって性質が変化することが知られているが,当時の日本にはまだこれを科学としてみる目はなかった.しかし,すでに当時の日本刀はすべての部分が同じ性質ではなく,内部は焼入れをしても硬くならずに粘り強い0.2%程度の低炭素鋼,外側には焼入れで硬くなる0.6%程度の炭素鋼が用いられていた.このような伝統技術によって,日本刀は切れ味だけでなく,さびにも強く,完成から30年以上も光沢を放つのである.

表3・1　現在の高炉法とたたら製鉄の比較

項　目	現在の高炉法	たたら製鉄
鉄　源	鉄鉱石	砂鉄
炭(還元剤)	コークス	木炭
造滓剤(ぞうさい)	CaOなどスラグ	釜土
技術水準	各社世界最高	村下秘伝
生産効率	日産>1000t	3t/3日
製　鋼	間接	直接
用　途	汎用・日用品	日本刀など

3-4　炭素鋼の熱処理

3-5 炭素鋼の種類

SS材 引張強さを 保証します

① 炭素鋼は軟鋼と硬鋼に分類される.
② SS材は引張強さのみが保証されている代表的な炭素鋼である.

❶ 軟鋼と硬鋼

　炭素鋼には，炭素量が 0.18〜0.30％程度であり，鋼としては比較的軟らかく靱性が高い**軟鋼**と，炭素量が 0.50〜0.60％程度であり，強度が高く延性は低い**硬鋼**の分類がある．炭素鋼とは後述する合金鋼以外のものの総称だが，炭素鋼は一般に C だけでなく，主要 5 元素とよばれる C，Si，Mn，P，S を含み，それらの含まれる量によって，性質は異なる（第 4 章で述べる合金鋼とは，上記の 5 つの元素以外の元素が含まれる鋼のことをいう）．
　ここでは，代表的な炭素鋼を紹介する．

❷ 一般構造用圧延鋼材（SS材）

　一般的に鋼といったときに指すのが，この**一般構造用圧延鋼材（SS材）**である．まさしく「一般的な構造物用」ということで，鋼の中でも最も多く生産され，車両，船舶，橋などに幅広く用いられている．ここで，SS材とは，Steel for Structure の略である．
　なお，JIS 記号において，SS材は SS 400 というように 3 桁の数値が続くが，この数字は引張強さの最低保証値を表している．すなわち，SS 400 であれば，引張強さが最低でも 400 N/mm^2 あることを意味する．最低基準を定めている理由は，ある材料の強度をぴったりある値に決めることが難しく，また，それほど意味がないためである．つまり，実際に SS 400 の引張試験を行うと，引張強さが 480 N/mm^2 であったり，600 N/mm^2 であったりするが，どちらも「最低保証値を超えている」という解釈をする．
　SS材はその他の添加元素の割合にも，他の材料ほどは細かく規定されておらず，あくまでも引張強さだけが規定されている.

また，SS 材の特徴として，熱処理をしないで使用することがあげられる．これは，SS 材は定められた引張強さの範囲内で使用するものであり，後から熱処理によって性質を変化させる目的のものではないことを意味する．より大きな粘り強さや硬さ，耐摩耗性，耐熱性などが求められる過酷な条件下で使用するなら，他の材料を使用すればよい．

❸ 機械構造用炭素鋼鋼材（S-C 材）

SS 材と比べて，より過酷な場所で用いられるのが**機械構造用炭素鋼鋼材（S-C 材）**である．構造材は骨組みとして，その構造を支える静的な荷重に耐えることができればよいが，車軸や歯車などのように，高速で回転しながら大きな力を受けるような場所では，より過酷な条件が必要とされるため，単に引張強さが保証されているだけではダメだというわけである．したがって，含まれる元素に関しても，SS 材とは異なり，主要 5 元素である C，Si，Mn，P，S がそれぞれ何％ずつ含まれるということが，0.05％刻み程度で規定されている．すなわち，添加元素は 0.05％異なるだけで炭素鋼の性質に影響を及ぼすのである．

簡潔にいえば，S-C 材は SS 材より信頼性がある，より高級な材料である．JIS 記号では S と C の間に 30 や 45 などの数値が入り，S30C や S45C のように表されるが，この数値は含まれる炭素量を表している．例えば 30 は 0.3％の炭素を含み，45 は 0.45％の炭素を含む．

❹ 炭素工具鋼鋼材（SK 材）

炭素工具鋼鋼材（SK 材）とは，工作機械の刃物であるドリルやバイト，フライス，また，やすりやのこぎり，プレスなどの工具に用いられる鋼材である．工具鋼に求められる条件として，硬くて摩耗しないこと，かつ粘り強いことなどがあげられ，含んでいる炭素量が 0.60 ～ 1.50％の間で SK1 から SK7 まで 7 種類に分類されている．すなわち，S-C 材より炭素量は多い．なかでも，炭素量が少ないものはプレスや刻印など衝撃を受けるようなもの，炭素量が多いものはやすりやたがねなどに用いられる．

3-5 炭素鋼の種類 **67**

⑤ ボイラおよび圧力容器用鋼板（SB材）

　一般に炭素鋼は常温でどんなに強度があっても，300℃以上になると強度が低下する．SS材などは高温・高圧での強度の保証がないため，高温・高圧下の環境で用いることがわかっている場合には，それが保証されている材料を選ぶ必要がある．

　ボイラおよび圧力容器用鋼板（SB材）とは，高温や高圧で用いられたときにも安定して強度を保つことができる鋼板である．Bはboilerの頭文字である．また，ここで鋼材でなく，鋼板となるのは，含んでいる炭素量が板厚ごとに規定されているためである．その組織の特徴として，炭素量を0.20～0.30％に高めて，Mnを0.90％以下に抑えていることがあげられる．また，高温でのクリープ現象を抑えるため，0.45～0.60％程度のMoを含んだ種類もある．

⑥ 溶接構造用圧延鋼材（SM材）

　溶接構造用圧延鋼材（SM材）とは，鋼材を溶かして接合する，溶接に適した鋼材である．ここでMはmarineの頭文字であり，そもそもは船体用であったが，現在ではSS材と並んで工業用に幅広く用いられている．

　炭素量は0.18～0.25％であり，例えばSM490A，SM490B，SM490Cなどの JIS 記号がある．ここで，"490"は引張強さの最低保証値が490 N/mm²であることを意味する．また，A，B，Cの記号は，シャルピー吸収エネルギーの値で分類されており，A，B，Cと進むにつれて粘り強いことになる．

⑦ 冷間圧延鋼板および鋼帯（SPC材）

　構造材料には粘り強い性質が求められるが，すべての鋼材にその性質が求められているわけではない．例えば，板金加工で鋼板を曲げたり，プレス加工で自動車のボディを成形するような場合には，強度よりも成形しやすさのほうが求められる．鋼板は，厚い板状のものを，熱間圧延や冷間圧延などの圧延加工によって，何段階かに分けて薄くしていくことになる（図3・20）．

　冷間圧延鋼板および鋼帯（SPC材）は，常温に近い温度で圧延された代表的な鋼材である．この材料は，価格も安価で加工性もよく，表面がきれいであるため，板金加工やプレス加工に多く用いられる．JIS 記号では，SPCの後に1文字加えた形で表される．

　SPCCは，平板のままや曲げ加工に用いられる．SPCD（絞り用）は，自動車

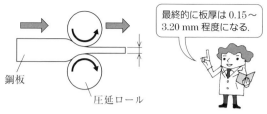

図3・20 圧延加工

のルーフやボンネットなど，また **SPCE**（深絞り用）は，自動車のフェンダー（泥よけ），フロントパネルなどに用いられる．

なお，SPC とは，Steel Plate Cold の略であり，続く4文字目はそれぞれ，C は Commercial，D は Drawing，E は Deep drawing の略である．

COLUMN　卵と合わせガラス

　卵の殻が表と裏で異なる強度をもつことをご存じだろうか．卵の殻は，内部のひなを守るために，外からの荷重にはきわめて強いが，一方でひながかえるとき容易に殻が割れるように，内部からの荷重には弱くなっているのである．

　この考え方は，自動車のフロントガラスに応用されている．すなわち，フロントガラスは，走行中，小石などがぶつかってくることがあるので，外からの荷重にはきわめて強い必要がある．しかし，なかにいる人間の頭部などが事故などで内側からぶつかったときには，容易にガラスが破損して衝撃エネルギーを吸収したほうが生命を守ることができる．

　このように，合わせガラスは役立っているのである．

章末問題

問題 1 鉄鋼材料の生産工程における製銑と製鋼の違いを述べなさい.

問題 2 鉄と鋼の違いを述べなさい.

問題 3 純鉄の A_3 変態と A_4 変態とは何かを述べなさい.

問題 4 純鉄の A_2 変態とは何かを述べなさい.

問題 5 炭素鋼の平衡状態図では,横軸と縦軸が何を表しているかを述べなさい.

問題 6 フェライトとセメンタイトの性質について,簡潔にまとめなさい.

問題 7 炭素鋼の熱処理は大きく 4 つに分類される.それぞれの名称とはたらきを簡潔にまとめなさい.

問題 8 浸炭とは何かを述べなさい.

問題 9 SS 材と S-C 材の違いを述べなさい.

問題 10 SK 材について,簡潔にまとめなさい.

問題 11 SB 材について,簡潔にまとめなさい.

問題 12 SM 材について,簡潔にまとめなさい.

第4章

合　金　鋼

　一般的な鋼材としては，SS材やS-C材を使用すれば十分だが，さらに強度が必要な材料，より高温に耐えられる材料，よりさびにくい材料など，過酷な環境での使用に対応した材料も求められることがある．

　合金鋼は，主要5元素に加えて，さらにいくつかの元素を添加して，つくり出された鉄鋼材料のことである．これらの合金鋼の存在を知って，適材適所で活用することで，機械設計の幅も広がる．

4-1 合金鋼の成分

合金の 性質決める 主要5元素

① 主要5元素には，C, Si, Mn, P, S がある．
② 合金元素には，Cr, Mo, V, W, Co などがある．

❶ 主要5元素のはたらき

　合金鋼の説明に入る前に，まず炭素鋼に含まれる主要5元素の性質をまとめておこう．これら5つの元素は材料試験証明書（ミルシート）にも含有量が必ず記載されている．

　① 炭素（C）

　炭素鋼とよばれているように，C は鋼になくてはならない大切な元素であり，硬さや強さを増加させるための最大要因としてはたらく．

　② ケイ素（Si）

　Si は溶鋼中の酸素をのぞくための元素であり，引張強さや硬さを増加させるはたらきがある．

　③ マンガン（Mn）

　Mn は溶鋼中の S をのぞくための元素であり，熱処理を良好にし，鋼に粘り強さを与えるはたらきがある．

　④ リン（P）

　P は鋼にとって有害な元素であり，低温時に鋼をもろくする性質がある．

　⑤ イオウ（S）

　S は鋼にとって有害な元素であり，赤熱状態のときに鋼をもろくする性質がある．

　ここで，P と S は少ないほうがよい不純物である．なぜ不純物が主要5元素に入っているのかというと，これらは鋼の製造工程上その混入を防ぐことが難しいため，その混入量を明記しておき，これが少ないほど良質な材料であることを表すためである．

❷ 合金元素のはたらき

主要5元素以外の元素を添加した材料が**合金鋼**であり，代表的な合金元素には次のものがある．また，合金元素のはたらきを図4・1に示す．

① クロム（**Cr**）

Crは焼入れ性，耐食性を増加させるはたらきがある．Crを13%以上添加したものをステンレス鋼という．

② モリブデン（**Mo**）

Moは鋼内に炭化物をつくり，耐摩耗性をよくするはたらきがある．また，焼戻し後の粘り強さも大きくし，高温状態での硬さを増加させるはたらきもある．さらにステンレス鋼では，耐食性もよくなる．

③ バナジウム（**V**）

Vは鋼内に炭化物をつくり，耐摩耗性をよくするはたらきがある．また，鋼内の結晶粒を微細にするはたらきがあり，脱炭防止効果もある．

④ タングステン（**W**）

Wは鋼内にCrやVと複炭化物をつくり，耐摩耗性をよくするはたらきがある．また，耐熱性を向上させるはたらきがある．

⑤ コバルト（**Co**）

Coは焼入れ組織（マルテンサイト）を強くし，鋼からの炭化物の脱落を防ぐ．高温状態でも硬く，強度に耐える材料となるはたらきがある．

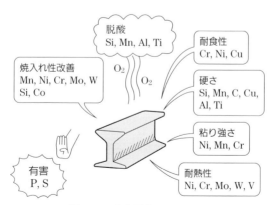

図4・1　合金元素のはたらき

4-2

機械構造用合金鋼

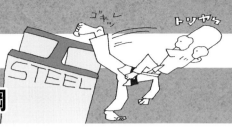

強靭な 合金使って ハイテンション！

> **Point**
> ❶ 機械構造用合金鋼には，強靭鋼と高張力鋼がある．
> ❷ 高張力鋼はハイテンともよばれている．

一般構造用圧延鋼材（SS材）よりも引張強さや粘り強さが大きい構造用の合金鋼である**機械構造用合金鋼**には，強靭鋼と高張力鋼がある．

❶ 強靭鋼

炭素鋼よりも引張強さや粘り強さが大きい合金を**強靭鋼**という．用途としては，歯車や軸，ボルトなどがあり，主な合金元素としては，MnやCr，Moなどがある（図4・2）．代表的な種類には，次のようなものがある．

① **Cr鋼（JIS記号：SCr）**

Cr鋼は，Crを1.0％程度加えて，焼入れ性を向上させたものであり，粘り強い性質がある．

② **Cr-Mo鋼（JIS記号：SCM）**

Cr-Mo鋼は，CrのほかにMoを0.25％程度加えることで，焼入れ性の向上に加えて，焼戻しによる硬さの低下を抑えたものであり，合金成分の頭文字をとって「クロモリ」とよばれることもある．

③ **Ni-Cr鋼（JIS記号：SNC）**

Ni-Cr鋼は，Niを1.0〜3.5％程度加えて粘り強さを向上させ，Crを0.2〜1.0％程度加えることで，焼入れ性を向上させたものである．

④ **Ni-Cr-Mo鋼（JIS記号：SNCM）**

Ni-Cr-Mo鋼は，Ni-Cr鋼にMoを0.15〜0.70％程度加えて，粘り強さや引張強さを向上させたものである．

⑤ **Mn鋼（JIS記号：SMn）**

Mn鋼は，Mnを1.5％程度加えて，焼入れ性を向上させたものである．

⑥ **Mn-Cr鋼（JIS記号：SMnC）**

Mn-Cr鋼は，Mn鋼にCrを0.5％程度加えて，焼入れ性をさらに向上させた

ものである．

　焼入れ性を保証した合金鋼の JIS 記号は，SCM 420 H のように，最後に H（焼入れ性を意味する Hardenability の略）をつける．これを **H 鋼**という．

歯　車　　　　クランク軸　　　　ボルト

図 4・2　強靱鋼の用途

❷ 高張力鋼

　代表的な SS 材である SS 400 の "400" は引張強さが 400 MPa であることを表していた．**高張力鋼**は，これが 490 MPa 程度より大きいものであり，高張力鋼の英訳である High Tensile Steel から，日本では「ハイテン」ともよばれている．同じ大きさで強度がアップすれば製品を薄肉化できるので，自動車の構成部材などに用いられ，軽量化などに貢献している．

　また，高張力鋼は，高層建築物や長大橋などにも用いられ，その引張強さは 590 MPa，780 MPa 程度のものが主流である（**図 4・3**）．近年は 1 GPa 級の鋼も登場している．

図 4・3　高張力鋼の用途

第 4 章　合金鋼

4-2　機械構造用合金鋼

4-3 工具用合金鋼

工具には 硬さと粘りが 必要です

Point
① 工具用合金鋼は，切削用，耐衝撃用，金型用に分類される．
② 高速度工具鋼は，高速回転における切削力を向上させた工具鋼である．

炭素工具鋼のところでも述べたように，工具には硬くて摩耗しないこと，かつ粘り強いことが求められる．炭素工具鋼は焼入れ性が低いため，肉厚の工具には向いていなかった．他の合金元素を加えてこれを改良したものが**工具用合金鋼**であり，切削用，耐衝撃用，金型用に分類される．

❶ 工具用合金鋼の種類

① 切削用（JIS 記号：SKS）

0.75～1.50％程度の炭素に，Cr や W を加えて，硬さと耐摩耗性を向上させたものであり，バイト（**図 4・4**）や丸のこ，帯のこなどの切削工具に用いられる．

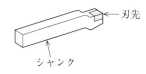

図 4・4　バイト

② 金型用（JIS 記号：SKS，SKD，SKT）

鍛造やプレス加工で用いられる金型に用いられる合金鋼には，冷間金型用（SKS，SKD）と熱間金型用（SKD，SKT）がある．いずれも Mn や Cr などを加えて耐摩耗性を向上させており，熱間金型用は C を 0.25～0.50 程度まで減らすことで，高温でのひび割れなどを防いでいる．

③ 耐衝撃用（JIS 記号：SKS）

0.35～1.10％程度の C に，Cr や W，V などを加えて，焼入れによって表面を硬くしたものであり，たがねやポンチなど，衝撃を受ける工具に用いられる（**図 4・5**）．

❷ 高速度工具鋼

切削工具は高速回転において，硬さが低下することが知られる．そこで，高速回転における切削力を向上させるために W や Mo を加えて，硬さを低下させるこ

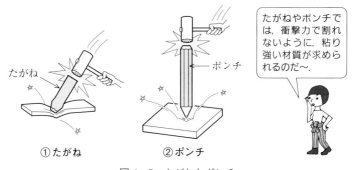

図4・5　たがねとポンチ

となく，耐摩耗性を向上させるために**高速度工具鋼**が開発された．

　W系とよばれるものは，硬さや耐摩耗性に優れており，Coを加えたものはさらに優れた性能をもつ．また，Mo系とよばれるものは，Wを減らしてMoやVを加えたものであり，高温時の硬さは若干落ちるものの，粘り強さに優れている．

❸ 超硬合金

　高速度工具鋼に比べて常温での硬さに優れているだけでなく，高温域での硬さの低下が少ない材料に**超硬合金**があり，切削工具材料として幅広く用いられている（**図4・6**）．機械的特性が優れた炭化タングステン（WC）は，Coを結合剤として固めたものでありタングステンカーバイドともよばれる．

　この超硬合金は，融点が2 900°Cと高温であるため，金属粉末をプレスした後，焼き固める粉末冶金法で製造される．

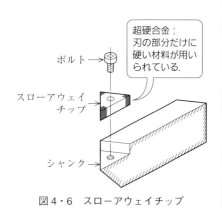

図4・6　スローアウェイチップ

4-4 耐食鋼と耐熱鋼

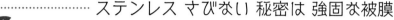

ステンレス さびない 秘密は 強固な被膜

❶ 代表的な耐食鋼は，Cr を 12% 以上含んだステンレス鋼である．
❷ 高温でも酸化せず，強度や硬さが低下しないものが耐熱鋼である．

❶ 耐食鋼（SUS 材）

炭素鋼にはさびやすいという短所があるため，製品にする場合には，塗装や表面処理が必要となる．この問題を Cr や Ni を加えた合金として解決しようとしたものが**耐食鋼**（**SUS 材**）である．ここで，SUS とは，Steel Special Use Stainless の頭文字であるが，あくまでも Stainless（さびにくい）ということであり，まったくさびないということではない．

Cr を 12% 以上加えると耐食性が著しく向上することが知られており，これを**ステンレス鋼**という（図 4・7）．ステンレス鋼の耐食性向上のメカニズムは，金属の表面に強固な酸化被膜ができることであり，さらに，これはとても薄いので，金属光沢が失われることもない．

ステンレス鋼は，その成分の違いから大きく 3 種類に分類される．

① 13 Cr ステンレス鋼

マルテンサイト系のステンレス鋼であり，さびにくいことよりも硬さが求められる場合などに用いられる．ねじ，ボルト，ナット，手動工具，刃物，はさみなどが主な用途であり，代表的な JIS 記号には Cr を 11.5～13% 程度含んだ

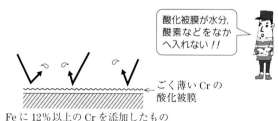

図 4・7 ステンレス鋼

SUS403がある．なお，SUSは一般的に「サス」と読む．

② 18Crステンレス鋼

フェライト系のステンレス鋼であり，硬さよりもさびにくいことが求められる場合などで用いられる．家庭器具や建築材料として幅広く用いられており，代表的なJIS記号にはCrを16〜18%程度含んだSUS430がある．

③ 18Cr-8Niステンレス鋼

オーステナイト系のステンレス鋼であり，3種類の中でも一番さびにくい性質がある．加工性や溶接性にも優れているため，建築材料や自動車・鉄道車両，化学装置，原子力機器などの分野を中心として，幅広く用いられている．代表的なJIS記号にはCrを16〜18%，Niを6〜8%含んだSUS301，Crを18〜20%，Niを8〜10.5%含んだSUS304などがある．

また，18Cr-8Niステンレス鋼では，引張応力と腐食環境の相互作用で，材料にき裂が発生し，そのき裂が時間とともに進展するという現象が起こることがある．これを**応力腐食割れ**といい，原子力機器の安全設計などではとくに注意が必要である．

なお，ナイフやフォークに"18-8"という刻印を見かけるが，これはこのオーステナイト系のステンレス鋼製であることを意味している．

❷ 耐熱鋼（SUH材）

炭素鋼は高温で酸化しやすく，また強度や硬さも低下する．高温度の空気やガスの中に長時間さらされても酸化や腐食を少なくし，強度や硬さの低下を抑えようとするものが**耐熱鋼（SUH材）**である．合金元素は耐食鋼と似ており，耐熱性を増加させるためにNi，耐酸化性を改善するためにCr，Si，高温時での強さ，硬さを高めるためにW，Mo，Ni，Vなどを加えている．

なお，一般的には約400℃以上の高温域で使用できるように耐熱性を高めたものをいうが，さらに600℃や1 000℃付近など，より高温まで耐えられる耐熱鋼もある．

耐熱鋼の用途としては，自動車エンジンのバルブ（**図4・8**）やガスタービンのブレード，加熱炉部品などがある．

図4・8　耐熱鋼

4-5 特殊な合金鋼

―――― 軸受や ばねには スペシャリストの合金鋼

Point
① 転がり軸受には，軸受鋼が用いられる．
② ばねには，ばね鋼が用いられる．

❶ 軸受鋼（SUJ 材）

高速で繰返し荷重を受けながら，耐摩耗性も求められる転がり軸受に使用される材料が**軸受鋼（SUJ 材）**である（**図 4・9**）．正式には，**高炭素クロム軸受鋼鋼材**とよばれるように，0.95〜1.10% 程度の C に耐摩耗性を向上させるために 0.90〜1.60% 程度の Cr を含んでいる．また，少量の Mn や Mo も含んでおり，焼入れ性を向上させている．

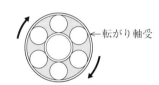

図 4・9 軸受鋼

JIS では SUJ の記号で表され，一般的な軸受に用いられる SUJ 2，Mn を添加して，より厚肉のものに用いられる SUJ 3，Mo を添加して焼入れ性を向上させた SUJ 4，SUJ 5 などの規格がある．

❷ ばね鋼（SUP 材）

ばねには，振動や衝撃に耐えられるような大きな弾力性，また，繰返し荷重に耐えられることが求められている．これらの性質に適した材料が**ばね鋼（SUP 材）**であり，正式には**ばね鋼鋼材**とよばれている（**図 4・10**）．ばね鋼は，コイルばねや重ね板ばね，トーションバーなどに用いられており，主に熱間成形によって形づくられる．用途としては，自動車向けが多い．JIS では SUP の記号で表され，高炭素鋼鋼材の SUP 3，シリコンマンガン鋼鋼材の SUP 6，SUP 7，マンガンクロム鋼鋼材の SUP 9 のほか，用途に応じていくつかの規格がある．

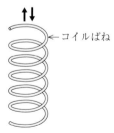

図 4・10 ばね鋼

❸ 快削鋼（SUM材）

鋼に P や S などの元素を添加することで，機械的性質よりも加工性を向上させた材料が**快削鋼**（**SUM材**）である．鉛中毒の原因となる Pb が添加されたものがあり，環境面に配慮した Pb フリー快削鋼の開発も進められている．

JIS では SUM の記号で表され，強度が SS 400 に相当する SUM 31，S 45 C に相当する SUM 43 などの規格がある．

工業高校で最初の旋盤実習に用いられる材料は，切削しやすいことから，この快削鋼であることが多い．

COLUMN　水素吸蔵合金 ···

　金属の中には，水素をとりこむ性質をもつものが複数あることが知られている．水素吸蔵合金とは，水素と反応して水素化合物をつくることで，大量の水素を吸蔵できる合金のことをいう．水素を金属に吸収させる大きなメリットは，気体の状態での水素をボンベに入れて使用するよりも同一体積で約 5 倍の水素を保持しておくことが可能になることがあげられる．これによって，合金 100 kg で，およそ 2 kg の水素を貯蔵することができることになる．

　水素吸蔵合金中では，水素は結晶構造にならい規則的に配置されるため，気体と比較してきわめて高い水素充填密度を実現することができるのである．また，水素放出が比較的穏和に行われるため，急激な水素もれによる事故の発生も防止できる．さらには溶液中で電気化学的水素吸蔵が起こることを利用して，高効率二次電池の電極としても使用できる．この技術を応用したものとして，ハイブリッド車や燃料電池車，携帯電話の二次電池などへの利用があげられる．

　ただし，水素吸蔵合金には多くの研究課題が残っている．それは，合金成分が重いため，車載などの目的には適さないこと，合金に使用される希土類元素や触媒元素が高価，かつ資源量に乏しいこと，リサイクルが容易でないこと，水素吸蔵放出を繰り返すと材料がもろくなり，吸蔵率が低下することなどである．

第4章　合金鋼

4-5　特殊な合金鋼　**81**

章末問題

問題 1　炭素鋼の主要 5 元素と合金鋼の主な元素をまとめなさい.

問題 2　強靭鋼の主な合金元素と，それらの JIS 記号をいくつか答えなさい.

問題 3　H 鋼とは何かを述べなさい.

問題 4　ハイテンとは何かを述べなさい.

問題 5　工具鋼に求められることをまとめなさい.

問題 6　工具用合金鋼は，用途に応じて 3 つに分類できる．それぞれの用途を答えなさい.

問題 7　高速度工具鋼の主な合金元素と JIS 記号を述べなさい.

問題 8　超硬合金の中でも機械的特性が優れたものの名称を述べなさい.

問題 9　耐食鋼の代表的な合金成分を 2 つあげ，成分の違いにより 3 種類に分類しなさい.

問題 10　ステンレス鋼が耐食性に優れているのはなぜか．理由を述べなさい.

問題 11　耐食鋼と耐熱鋼の JIS 記号を述べなさい.

問題 12　特殊な合金鋼を 2 つあげなさい.

82　第 4 章　合 金 鋼

第5章

鋳　鉄

　　通常の炭素鋼は，あらかじめ板や棒として加工され，それを切ったり削ったりして，さまざまな製品とする．
　　しかし，複雑な形状のものや，立体的な形状のものをつくろうとしたときには，板や棒の組合せで形づくることが難しい．
　　このような場合には，溶かした金属を型に流し込む鋳造が適している．
　　鋳鉄は，この鋳造に適した材料である．

5-1 鋳鉄

鋳鉄は 融点低く 硬くてもろい

① 鋳鉄は硬くてもろい材料であり，融点が低いため，鋳造に適している．
② 鋳鉄の性質は，複平衡状態図やマウラーの組織図から読みとることができる．

❶ 鋳鉄の性質

鋳鉄とは，鉄に炭素を 2.14〜6.67％程度含んだものをいう．これよりも炭素量が少ないものが炭素鋼である．炭素鋼が主に棒材や板材として成形されるのに対して，鋳鉄は融点が低い性質を利用して，溶かして流し込む，鋳造という加工法で用いられる．鋳鉄には，硬くてもろいという性質があり，炭素鋼に比べると引張強さや曲げ強さ，粘り強さなどの機械的性質は劣る．一方で，圧縮強さや耐摩耗性に優れるという特長もある．

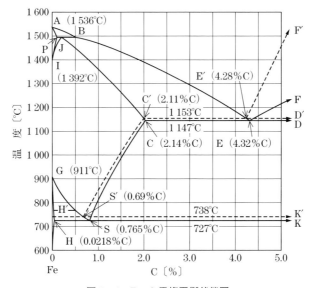

図 5・1 Fe−C 系複平衡状態図

84　第 5 章　鋳　鉄

❷ 鋳鉄の組織

　鋳鉄の組織を表した平衡状態図は，炭素鋼の状態図の横軸に，炭素量の上限まで目盛をとる．鋳鉄では冷却速度の違いによって，Cがセメンタイトや黒鉛になることが知られており，状態図では両者を表しているため，これを**複平衡状態図**という（図5・1）．同図の実線で表された鉄-セメンタイト系を**準安定状態図**，破線で表された鉄-黒鉛系を**安定状態図**とよぶ．

　鋳鉄の組織は，炭素の状態によって，いくつかに分類できる．

　白鋳鉄（図5・2（a））は，硬くてもろいセメンタイトが主成分となる鋳鉄であり，破面は白く見える．**ねずみ鋳鉄**（図5・2（b））は，やわらかいフェライトや，フェライトとセメンタイトの層状組織であるパーライトが主成分となる鋳鉄であり，破面は灰色（ねずみ色）に見える．灰色になる原因は，なかに存在する黒鉛（グラファイト）のためである．また，白鋳鉄とねずみ鋳鉄が混合した組織のものを**まだら鋳鉄**という．

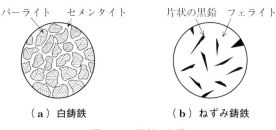

図5・2　鋳鉄の組織

　鋳鉄の組織に大きな影響を与えるのは，CとSiの含有量と冷却速度である．両者の化学成分に注目して，鋳鉄の組織変化を表したものを**マウラーの組織図**という（図5・3）．例えば，CとSiの量が少ないと白鋳鉄，多いと黒鉛を含んだねずみ鋳鉄になりやすいことなどを読みとることができる．

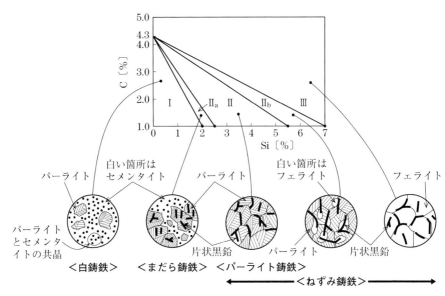

図 5・3　マウラーの組織図

> **COLUMN　錬金術**
>
> 　錬金術とは，化学的手段を用いて鉛や水銀などの卑金属から金などの貴金属を精錬しようとする試みのことである．古代ギリシャの学問を応用したものであり，その時代において錬金術は正当な学問の一部であった．そして，他の学問と同様に，錬金術も実験を通して発展し各種の発明・発見が生み出され，旧説，旧原理が否定され，ついには真に科学である化学を生み出したのである．
>
> 　現代人の視点から，卑金属を金に変えようとする錬金術師の試みをまったくの愚行として一笑に付すのは容易であるが，歴代の錬金術師は現代人のもつ知に対して大いに貢献したのである．実際，錬金術を英語でアルケミー（Alchemy）というが，これは化学を意味するケミストリー（Chemistry）へと引き継がれている．なお，近代科学の成立に大きく貢献したニュートンも，一方では錬金術の研究に力を注いでいたことは有名な話である．
>
> 　なお，錬金術という言葉は，本来の意味が転じて，こっそりとインチキをしてお金を工面することの術という意味でも用いられることが多い．

5-2 鋳鉄の種類

本当に ねずみが見える？ ねずみ鋳鉄

Point
1. ねずみ鋳鉄は片状黒鉛鋳鉄ともよばれている．
2. 球状黒鉛鋳鉄や可鍛鋳鉄なども幅広く用いられている．

❶ ねずみ鋳鉄（FC材）

　ねずみ鋳鉄（**FC材**）は古くから生産されていた一般的な鋳鉄であり，**普通鋳鉄**とよばれることもある．ここで普通鋳鉄という名称は，「特別な合金元素を添加していない」ことを意味している．JIS記号ではFC材として表され，FC100〜FC350まで6種類が規定されている．ここで，FCに続く数値は，SS材と同様に引張強さの最低保証値を表している．代表的なSS材がSS400であることからもわかるように，FC材の引張強さは一般的な炭素鋼であるSS材よりも小さい．そのため，鋳鉄は大きな引張荷重を受ける構造材には適していない．

　また，ねずみ鋳鉄は，組織に分散している黒鉛の形状が三日月状であることから**片状黒鉛鋳鉄**ともよばれる（図5・4）．片状黒鉛鋳鉄に含まれる黒鉛は，鋳鉄の特長である耐摩耗性や振動吸収性などに有効なはたらきをする．しかし，この三日月状の黒鉛の先端がとがっているため，鋳鉄の内部は亀裂状の欠陥が散在しているのと同じような状態になっており，さらに，このとがった部分には応力が集中しやすく，そこをきっかけにクラックが広がりやすい．そのため，普通鋳鉄は大きな塑性変形に弱いのである．

図5・4　片状黒鉛鋳鉄を顕微鏡でみたイメージ

　なお，ねずみ鋳鉄は一般にネズミのような灰色をしているところからつけられた名称だとされているが，この片状の黒鉛がネズミの形に見えるからだという説もある．本当かどうかは実際に顕微鏡で組織を観察してみるとよい．

❷ 球状黒鉛鋳鉄（FCD材）

片状の黒鉛を球状の組織にしたものが**球状黒鉛鋳鉄**（**FCD材**）であり、外部から力を受けたときなどに球状の黒鉛が力を分散するため、粘り強い鋳鉄となる（図5・5）．JIS記号では，FCD材として表され，FCD 370～FCD 800まで7種類が規定されている．ここでFCDに続く数値は同じく引張強さの最低保証値を表しており，ねずみ鋳鉄よりも大きな値であることがわかる．

図5・5 球状黒鉛鋳鉄を顕微鏡で見たイメージ

❸ 可鍛鋳鉄（FCM材）

白鋳鉄に熱処理を行い，セメンタイトを黒鉛化して，粘り強い組織にしたものが**可鍛鋳鉄（FCM材）**であり，**黒心可鍛鋳鉄，白心可鍛鋳鉄，パーライト可鍛鋳鉄**の3種類がある．なお，「鍛」は鍛造を意味しているように思えるが，他の鋳鉄ほどもろくはないという程度の意味であり，実際に鍛造に用いられているわけではない．

① 黒心可鍛鋳鉄（FCMB材）

白鋳鉄を2段階で焼なましすることで，セメンタイトをすべてフェライトと黒鉛に分解したものであり，軟鋼に近い引張強さと伸びを示す．

② 白心可鍛鋳鉄（FCMW材）

白鋳鉄の表面を脱炭してフェライトにし，表面を軟鋼と同程度の強さにしたものである．このとき，内部はパーライトに少量の炭素が混じった硬い組織となる．そのため，厚さが15 mm以下程度の薄物鋳物に適している．

③ パーライト可鍛鋳鉄（FCMP材）

白鋳鉄にMnなどを加えてパーライトにし，引張強さを増加させたものである．なお，伸びは少々減少する．

❹ 合金鋳鉄

❶～❸までの鋳鉄は，とくに合金として分類されることはなく，JISにも引張強さや硬さなどの機械的性質が規定されているだけである．これに対して，合金元素の量を規定して，鋳鉄の性質を向上させたものを**合金鋳鉄**という．

① 高クロム鋳鉄

合金元素として Cr を加えた鋳鉄であり，高温での耐摩耗性に優れている．

② 高ケイ素鋳鉄

合金元素として Si を加えた鋳鉄であり，耐熱性や耐酸性に優れている．

❺ 鋳鋼（SC 材）

鋳造で用いる炭素鋼や合金鋼を 鋳 鋼（SC 材）といい，鋳鉄では強さや硬さが不足する場面などで用いられている．JIS 記号では SC 360 や SC 410 などが規定されており，SC に続く数値は同じく引張強さの最低保証値を表している．鋳造後に適切な熱処理を施すことにより，粘り強さなども向上させている．

COLUMN　大仏のつくり方

日本では，古くから鋳造によって仏像がつくられてきた．しかし，大仏のような大きなものはどのような方法で鋳造が行われていたのだろうか．

まず，土でつくった像の外側に鋳型をつくり，像の厚みの分だけすき間を設けて，ここに溶けた金属を流し込むのである（図 5・6）．なお，奈良の大仏をつくることが発願されたのは 743（天平 15）年の大仏建立の 詔 であり，すべてが完成したのは 771 年（宝亀 2）年，つまり約 30 年をかけて建設されたのである．この大仏に流し込んだ金属は銅であった．日本では，古くから鉄鉱石が採れなかったのである．

また，鎌倉の大仏の鋳造開始は 1252（建長 4）年であるが，正確な完成年は不明である．

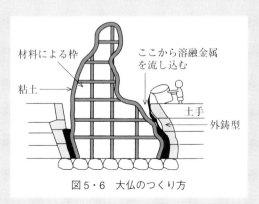

図 5・6　大仏のつくり方

章 末 問 題

問題1 鋳鉄に含まれる炭素量とその性質を述べなさい.

問題2 鋳鉄の組織を表す状態図を何というか.またそのように表される理由を述べなさい.

問題3 鋳鉄を組織の違いによって,3つに分類しなさい.

問題4 鋳鉄の組織に大きな影響を与える添加元素であるCとSiの量と冷却速度の関係を図に表したものを何というか.

問題5 ねずみ鋳鉄の別のよび名とJIS記号,そして最大の引張強さを示すもののJIS型番を答えなさい.

問題6 片状黒鉛鋳鉄の形状と,その性質を述べなさい.

問題7 球状黒鉛鋳鉄の特徴とJIS記号を述べなさい.

問題8 可鍛鋳鉄とは何かを述べなさい.また,それを3つに分類しなさい.

問題9 合金鋳鉄にはどのような種類があるか,2つ答えなさい.

問題10 鋳鋼とは何か,簡潔に説明しなさい.

90 第5章 鋳 鉄

第6章
アルミニウムとその合金

> Alは,軽くて丈夫な非鉄金属の代表であり,その合金の種類も豊富である.また,アルミ缶やアルミ鍋,アルミサッシから,自動車や鉄道車両,航空機まで,利用分野が幅広い材料である.
> 本章では,Alの特徴や製造法,そして,実際に使用する場合の選び方などを学ぶ.

6-1 アルミニウムの性質

アルミニウム 軽くて 丈夫な 代表選手

① Al は比重が Fe の 3 分の 1 で，展延性に富む元素である．
② Al は，ボーキサイトを電気分解して製造する．

1 Al の性質

アルミニウム（Al）は，地表で最も豊富な金属であるにもかかわらず，結合力の大きい化合物として地殻中に存在しているため，なかなか金属材料として知られずにいた．Al の製造は，1807 年にイギリスのダービー（Sir H. Davy）が電気分解の手法で**アルミナ**（酸化アルミニウム，Al_2O_3）の製造に成功したことをきっかけとして始まる．そして，20 世紀の中ごろから，大規模で効率的な発電所の建設とともに，送電システムが確立されることで，大規模な Al の電気精錬が行われるようになり，大量生産が可能となった．このように，Al は比較的新しい金属材料なのである．

Al の比重は 2.7 であり，Fe（7.8）や Cu（8.9）の約 3 分の 1 と軽い（**図 6・1**）．軽い材料を使い，機械（例えば航空機や鉄道車両）を軽くすれば，燃料の節約につながるため，大きな長所になる．一方，部材を軽くしたときに，強度が低下し

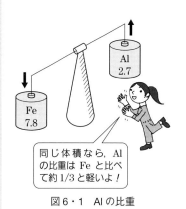

図 6・1 Al の比重

表 6・1 Al と Fe の物理的性質

	Al	Fe
原子番号	13	26
結晶構造	面心立方格子	体心立方格子
密度 $\times 10^3$ 〔kg/m^3〕	2.7	7.8
熱伝導率〔$W/(m \cdot k)$〕	237	80.2
導電率〔$1/(m\Omega)$〕	37.7×10^6	9.93×10^6
比熱容量〔$J/kg \cdot K$〕	900	440
融点〔℃〕	660	1535
引張強さ〔MPa〕	70	180～300

ては困るが，Alは単位重量あたりの強度である**比強度**が大きい．そのため，軽くて丈夫であり，さまざまな機械の骨組み部分である構造材として，多くの分野で使用されている．

さらにAlは，空気中で自然に酸化しやすい性質がある．これにより，表面にAl_2O_3の被膜が形成され，腐食を防ぐはたらきをする．

このほかにも，電気や熱を伝えやすいことから（**表6・1**），送電線や熱交換器などに使用されたり，他の金属にはない特有の白色光沢をもつため，反射鏡や装飾品としても使用されている．

❷ Alの製造法

Alの原料は，**ボーキサイト**とよばれる，アルミナを52～57％含む赤褐色の鉱石であり，オーストラリア，中国，ブラジルなどが主な産地である．

Alの製造は，原料であるボーキサイトを電気分解して，白い粉末状のアルミナを取り出す，精製から始まる．次に，アルミナは溶融氷晶石の中で電気分解され，アルミニウム地金が製造される．**図6・2**に示す電気精錬には大量の電力が必要とされるため，Alは「電気の缶づめ」とよばれることもある．したがって，日本には電気精錬されたアルミニウム地金の形で輸入されることが多い．

電気精錬によってできたアルミニウム地金は，圧延・押出し・鍛造・鋳造などの加工によって，いろいろな形の製品素材に成形される．

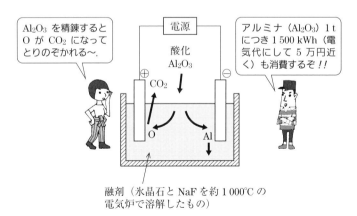

図6・2 電気精錬（ホール−エルー法）

6-2 アルミニウム合金

アルミニウム合金にしてパワーアップ

Point
① アルミニウム合金には展伸用と鋳物用がある．
② アルミニウム合金にはジュラルミンを代表として，さまざまな種類がある．

❶ アルミニウム合金

　純アルミニウムの引張強さはそれほど大きくないが，これに Cu，Si，Mg，Mn，Zn などを添加して合金にしたり，圧延などの加工や，熱処理を施すことで，機械的性質を改善できる．**アルミニウム合金**は，JIS において，**展伸用**と**鋳物用**に分類される（**図 6・3**）．展伸用とは，まず板や棒の状態で加工，出荷され，その後，製品形状に塑性加工を加えていく材料である．対して，鋳物用とは，溶けた金属を型に流し込む鋳造により，一度に形づくられる材料である．

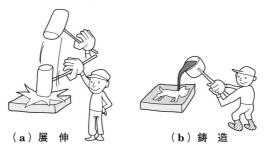

（a）展　伸　　　　　（b）鋳　造

図 6・3　展伸と鋳造

❷ アルミニウム合金の加工性

① 切削加工

　アルミニウム合金は，鉄鋼材料と比較して切削抵抗が小さいため，切削性に優れるが，熱伝導率が大きいため，切削している刃物からの熱による膨張が問題になる．そのため，適切な潤滑剤を使用して切削温度を下げる必要がある．

表6・2 展伸用，鋳物用アルミニウム合金の JIS 分類

展伸用合金	純アルミニウム（1000番台）
	Al-Cu系（2000番台）
	Al-Mn系（3000番台）
	Al-Si系（4000番台）
	Al-Mg系（5000番台）
	Al-Mg-Si系（6000番台）
	Al-Zn-Mg系（7000番台）
鋳物用合金	Al-Si系（シルミン）
	Al-Mg系（ヒドロナリウム）
	Al-Cu系（ラウタル）
	Al-Si-Mg系（ガンマシルミン）

② 塑性加工

　金属に外力を加えて変形させたときに，硬くてもろくなることを**加工硬化**という．これをとりのぞくために，金属を加熱して結晶を新しくすることを**再結晶**といい，その温度は材料によって異なる．再結晶以上の温度で行う加工を**熱間加工**，再結晶以下の温度で行う加工を**冷間加工**という．

　アルミニウム合金は熱間加工性に優れており，圧延・押出し・鍛造などにより，複雑な形状の製品に加工できる．また，アルミニウム合金は冷間加工性にも優れていることから，圧延・押出しだけでなく，曲げ加工や深絞り加工などのプレス加工にも適する．しかし，プレス成形性は鉄鋼板に比べて劣る（**図6・4**）．自動車のボディのオールアルミ化が進まない理由の1つはここにある．

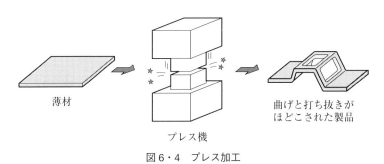

図6・4　プレス加工

③ 溶　接

アルミニウム合金は，熱伝導率や熱膨張率が大きいため，一般の溶接が困難である．また，不純物の影響を受けやすいため，鉄鋼で一般に行われているガス溶接やアーク溶接には適さない．そのため，アルゴン（Ar）を大気中の窒素や酸素と遮断するシールドガスとしたティグ溶接やミグ溶接が用いられる（図 6・5）．

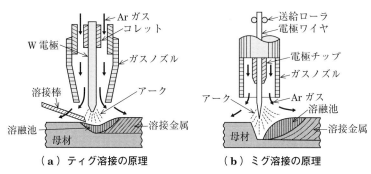

図 6・5　ティグ溶接とミグ溶接

❸ 展伸用アルミニウム合金

① 純アルミニウム（1000 番台）

99% 以上の Al を含む純アルミニウムは，強度は低いが，加工性や耐食性，表面処理性に優れており，化学工業用タンク類，台所用品，反射板などに用いられる．JIS では，A1080 や A1070 などが代表的である．記号の下 2 桁は，例えば A1080 であれば 99.80% の純度を表している．

② Al-Cu 系（2000 番台）

主要な添加元素は Cu であり，強度が高く，機械的性質や切削性に優れる．しかし，Cu を含むため，耐食性は悪い．ジュラルミン（A2017），超ジュラルミン（A2024）が代表的である．超ジュラルミンの硬度は鋼に匹敵するほど高く，航空機の部材として用いられる（図 6・6）．

図 6・6　航空機

③ Al-Mn 系（3000 番台）

主要な添加元素は Mn であり，純アルミニウムの加工性，耐食性を低下させる

ことなく，強度を少し増加させた合金である．アルマンともよばれ，A3003やA3004が代表的である．アルミ缶などの容器や建築用材，車両用材として用いられる（図 **6・7**）．

④ **Al-Si 系（4000 番台）**

主要な添加元素は Si であり，熱膨張率が小さく，耐熱性や耐摩耗性に優れる．A4032 や A4043 がその代表であり，エンジンのピストンなどに用いられる（図 **6・8**）．

⑤ **Al-Mg 系（5000 番台）**

主要な添加元素は Mg であり，耐食性を劣化させずに，強度を上げている．加工性にも優れており，一般的な構造用材料として，車両，船舶，建築用材，通信機器部品，機械部品など，幅広く用いられる（図 **6・9**）．A5005 や A5052 がその代表である．

⑥ **Al-Mg-Si 系（6000 番台）**

主要な添加元素は Mg と Si であり，強度と耐食性に優れている．代表的な合金である A6063 は，優れた押出し性を有しているため，建築用サッシなどに用いられる（図 **6・10**）．

⑦ **Al-Zn-Mg 系（7000 番台）**

主要な添加元素は Zn と Mg であり，アルミニウム合金の中で最も強度のある Al-Zn-Mg-Cu 系の A7075 は超々ジュラルミンとよばれる．これは，日本で開発された合金であり，かつては零戦に，現在でも航空機の構造材や鉄道車両，スポーツ用具などに用いられる（図 **6・11**）．

図 6・7　アルミ缶　　図 6・8　ピストン

図 6・9　飛行機の骨組み

図 6・10　サッシ

図 6・11　金属バット

❹ 鋳物用アルミニウム合金

鋳物用アルミニウム合金には，鋳物用として使用される砂型・金型用（記号はAC）と，溶融金属を高圧で鋳型に流し込んで使用されるダイカスト用（記号はADC）がある．鋳鉄と比較して軽く，溶解温度が低いため広く利用されるが，凝固の際の収縮率が大きいため，各種添加元素を加えて改善している．

(1) アルミニウム合金鋳物

① **Al-Si 系**（シルミン）

Al は熱膨張率が大きいため，鋳造には適さない．そのため，Si を加えて融点を下げ，湯流れをよくして鋳造性を高めた合金である．シルミンともよばれるAC3Aがその代表であり，耐摩耗性が高く，薄肉の鋳物に適しているため，計器部品やクランクケースなどに用いられる．

② **Al-Mg 系**（ヒドロナリウム）

強度や耐食性に優れ，伸びはアルミニウム合金鋳物の中で最大であるが，鋳造性が劣る．ヒドロナリウムともよばれるAC7Aがその代表である．

③ **Al-Cu 系**（ラウタル）

強度や切削性に優れるが，鋳造性が劣る．ラウタルともよばれるAC2Bがその代表であり，強度は大きいが伸びは小さい．全体的に使用量は少ない合金系である．

④ **Al-Si-Mg 系**（ガンマシルミン）

Al-Si 系の Si 量を減らして，Mg を加えたものであり，時効硬化（焼入れ後，時間の経過にともなって硬化する現象）により強度が向上する．ガンマシルミンともよばれるAC4Aがその代表であり，同傾向にあるAC4Cはその特徴を活かして自動車のホイールなどに用いられている（図 **6・12**）．

(2) ダイカスト用アルミニウム合金

ダイカストは，精度の高い金型に溶融金属を高圧で注入して，すばやく凝固させて成形する方法である．他の鋳造法と比較して生産性や寸法精度などが優れて

図6・12　自動車のホイール

いる．ダイカストで使用する溶かした Al には，優れた鋳造を行うために，高い流動性が求められる．Al-Si-Cu 系の ADC 12 がその特徴をもつ代表であり，自動車用の各種部品に用いられている．鋳造だけでなく，切削にも適するバランスのよい合金である．

COLUMN　レアメタル ....

　レアメタルは，地球上の存在量が少なく，単体として取り出すことが技術的に困難であり，採掘や精錬のコストが高い稀少金属のことをいう．レアメタルに指定されている金属は，Ni，Cr，Mn，Co，W，Mo，V，Nb，Ta，Ge，Sr，Sb，Pt，Ti など 31 種類である．これまで，レアメタルはその大部分が特殊鋼の添加原料として，鋼材の強度，耐熱性，耐食性などを向上させるために使用されてきたが，近年は個々のレアメタル固有の金属特性を活用する場面が増加している．

　例えば，携帯電話のアンテナには Ni，Ti が，液晶ディスプレイには In が，発光ダイオード（LED）には Ga が，自動車用排ガス触媒には Pt，Pd，V，Cr などが用いられている．

　レアメタルは，半導体産業などの先端産業には不可欠な素材であるが，主な産出国は中国，アフリカ，ロシア，北南米などであり，地域的に偏りがある．いままでにもこれらの国で地域紛争などが発生して，日本への供給障害が発生したことはたびたびある．

　これでは，日本のものづくりに大きな影響が出てしまう．そのため，日本では1983 年より，経済安全保障の理由から供給停止などの障害に備え，国家と民間により 60 日分の消費量を目安として，Ni，Cr，W，Mo，Co，Mn，V などの備蓄が行われている．

第 6 章　アルミニウムとその合金

6-2　アルミニウム合金　　99

章末問題

問題 1 Al と Fe の比重と融点を述べなさい.

問題 2 Al の原料とその製造方法を述べなさい.

問題 3 展伸用アルミニウム合金について，次の問いに答えなさい.
① 純アルミニウム（1000 番台）の性質を述べなさい.
② ジュラルミンと超ジュラルミンの型番と性質を述べなさい
③ アルミ缶に用いられている Al の合金成分と特徴を述べなさい.
④ A5052 について，その特徴を述べなさい.
⑤ 超々ジュラルミンの合金成分と特徴を述べなさい.

問題 4 鋳物用アルミニウム合金について，次の問いに答えなさい.
① JIS 記号には AC と ADC がある．それぞれについて説明しなさい.
② シルミンについて，その合金成分と特徴を述べなさい.
③ ヒドロナリウムについて，その合金成分と特徴を述べなさい.
④ ガンマシルミンについて，その合金成分と特徴を述べなさい.
⑤ ダイカスト用アルミニウム合金について，その合金成分と特徴を述べなさい.

第7章

銅とその合金

> Cuは，古くから用いられている非鉄金属の代表であり，合金の種類も多い．
>
> 純銅は鉄鋼材料ほどの強度はないが，導電率が非常に大きいので主要な導電材料として利用されている．銅合金である黄銅や青銅は，美しく，強度が高いほか，耐食性に優れるため，構造材料や装飾品として用いられる．
>
> 本章では，Cuの特徴や製造法，銅合金の特徴，そして機械材料として使用する場合の選び方を学ぶ．

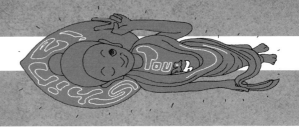

7-1 銅の性質

　　　　　　　　どうですか 強さと 美観の 銅合金

Point
① Cu は加工性や耐食性に優れた材料であり，古くから用いられてきた．
② Cu は最も重要な導電材料である．

Cu の性質

　純銅は，強度や硬さなどの機械的性質が鉄鋼などより劣るため，構造材には不向きであるが，合金化することで高い機械的性質を発揮する．さらに，加工性や耐食性に優れ，電気や熱の良導体であること（**表7・1**），金以外で唯一金色の光沢をもつなどの特徴がある．Cu は，先史時代から現在にいたるまで，私たちの生活に欠かせない金属材料の1つである．

　また，処分にコストがかかる材料がある中で，Cu は資源が少なく，リサイクルのコストのほうが精錬コストに比べて有利なために，積極的に回収されてリサイクルされている．

　日本では古くから仏像や工芸品に Cu が用いられており，現在でも硬貨から IT 関連分野まで幅広く利用されている，私たちの生活に欠かせない金属材料である．

表7・1　Cu と Fe の物理的性質

	Cu	Fe
原子番号	29	26
結晶構造	面心立方格子	体心立方構造
密度×10^3 〔kg/m^3〕	8.9	7.8
熱伝導率〔$W/(m·K)$〕	401	80.2
導電率〔$1/(m\Omega)$〕	59.6×10^6	9.93×10^6
比熱容量〔$J/kg·K$〕	380	440
融点〔°C〕	1085	1535
引張強さ〔MPa〕	200〜280	180〜300

❷ Cu の製造法

Cu は銅鉱石を精錬して粗銅をつくり，これを電気分解して取り出している（図 7·1）．これが電気銅であり，99.9％以上の純度をもつ．電気銅には 0.01％程度の酸素が不純物として含まれているため，次の工程で脱酸して無酸素銅をつくる．

こうして精錬された純銅は，焼なましにより結晶粒を大きく成長させ，電気抵抗の非常に小さい利点を活かして軟銅線として利用される．

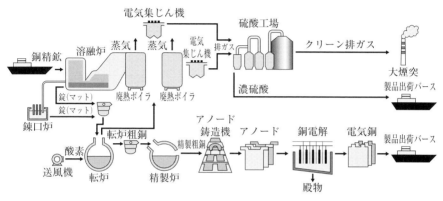

図 7·1 Cu の精練

❸ 銅合金の加工性

① 切削加工

銅合金には，切削性のよい黄銅と，切削性が悪い純銅，りん青銅，白銅，洋白などがある．

② 塑性加工

熱間加工では，圧延・押出し・鍛造などが行われており，加工性は合金の種類によって異なる．銅合金は加工硬化が大きいが，寸法精度がよいため，冷間加工が行われることも多い．

③ 溶 接

ガス溶接，アーク溶接，ろう付け，抵抗溶接などが多く用いられるが，ティグ溶接（黄銅をのぞく）やミグ溶接なども，合金の種類に対応して行われる．

7-2 純銅と銅合金

········ 銅合金 黄銅 青銅 いろいろどうぞ

1. 黄銅は Zn を主要な添加元素とし，展延性や耐食性に優れた金色の材料である．
2. 青銅は Sn を主要な添加元素とし，鋳造性や耐食性に優れた青っぽい色の材料である．

❶ 純 銅

　合金元素をほとんど含まない**無酸素銅**（C1020）や**タフピッチ銅**（C1100）は，電気伝導性，熱伝導性，展延性，絞り加工性に優れており，溶接性，耐食性などもよい．電気部品，建築用材，化学工業，小ねじ，釘などに用いられる．

　りん脱酸銅（C1201，C1220，C1221）は，展延性，絞り加工性，溶接性，耐食性，熱伝導性に優れる．湯沸器，建築用材，ガスケット，小ねじ，釘，金網などに用いられる．

❷ 銅合金

① Cu-Zn 系

　主要な添加元素が Zn であり，展延性，絞り加工性，耐食性に優れ，独特の光沢がある．銅合金の材料記号は頭文字 C で始まる 4 桁の記号で表記される．

　丹銅は，Zn を約 4〜12% 程度含んだ赤っぽい材料である．C2100〜C2400 があり，建築用材，装飾品，ファスナーなどに用いられる．

　黄銅は，Cu と Zn の合金であり，とくに Zn が 20% 以上のものをいう．**真鍮**とよばれることも多く，英語では **Brass**（ブラス）という．金管楽器と打楽器からなる楽団であるブラスバンドには，真鍮の楽器が多く用いられる（図 7・2）．

　Cu と Zn の割合によって，Zn を 40% 含んだ**六四黄銅**（C2801），30% 含んだ**七三黄銅**（C2600）などとよばれ，その中間には Zn を 35% 含んだ C2680 がある．六四黄銅では黄金色に近い黄色を

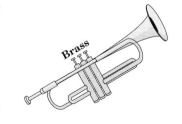

図 7・2 金管楽器

示すが，Znの割合が多くなるにつれて色が薄くなり，少なくなるにつれて赤みを帯びる．また，一般にZnの割合が増すごとに硬度は増すが，もろさも増加する．

六四黄銅（C2801）は，展延性に優れ，黄銅の中では最大の強度があり，熱間加工に適する．船のスクリューや管楽器，5円硬貨などに用いられる．

七三黄銅（C2600）は展延性，絞り加工性に優れ，めっき加工処理にも適する．自動車のラジエータや電球口金（くちがね）などに用いられる（図 **7·3**）．

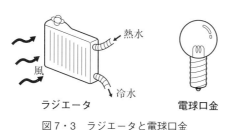

図 7·3　ラジエータと電球口金

② **Cu-Zn-Pb 系**

快削黄銅（C3561，C3710 など）は，被削性（切削しやすさ）を高めるためにPbを添加したものであり，小形の歯車やねじ（図 **7·4**），時計やカメラなどの部品等に用いられる．

③ **Cu-Zn-Sn 系**

ネーバル黄銅（C4621，C4640 など）は耐食性，とくに耐海水性を高めるためにSnを添加したものであり，厚物は熱交換器管板，薄物は船舶用部品などに用いられる．なお，ネーバル（naval）とは，「軍艦の」を意味する．

④ **Cu-Sn-Mn 系**

高力黄銅（こうりきおうどう）（C6782）は，六四黄銅にMnを添加して強度を高め，熱間鍛造性・耐食性を向上させたものであり，船舶用プロペラ軸，ポンプ軸などに用いられる（図 **7·5**）．

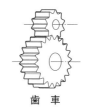

歯　車

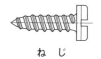

ねじ

図 7·4　歯車とねじ

図7・5　船舶用プロペラ軸

⑤　**Cu-Sn系**

主要な添加元素がSnであり，鋳造性，被削性，展延性，耐食性に優れる．Cu-Sn系はとくに代表的なCu合金で，青銅（せいどう）とよばれるものである．鋳物用のJIS記号はBC2，BC3などがあり，英語ではBronze（ブロンズ）といい，銅像のことをブロンズ像とよぶことも多い（図7・6）．

一般にいう青銅色は彩度の低い緑色であるが，本来の青銅は光沢ある金属である．しかし，青銅は大気中で徐々に酸化されて表面に炭酸塩を生じると，緑青色（ろくしょういろ）となる．

図7・6　ブロンズ像（銅像）

この色を発しているものが緑青（ろくしょう）であり，炭酸銅と水酸化銅の混合物である．

りん青銅（C5191，PBC2Cなど）は，Snを加えてPで脱酸した三元合金である．鋳造性，被削性に加えて，ばね特性に優れており，電気計測機器用のスイッチ，コネクタ，リレー，カム，歯車，軸・軸受・軸継手（つぎて）などに用いられる．

砲金（ほうきん）は，Snを約10％含み，粘り強さがあり，耐摩耗性や耐食性に優れる．昔，大砲の鋳造に用いられたので，このように名づけられた．現在は，天ぷら鍋や表札，建築用金具などに用いられる．

⑥　**Cu-Ni系**

白銅（C7060，C7150）は，Niを10〜30％含む合金である．耐食性，とくに耐海水性に優れるため，船舶関連部品に多く用いられる．また，Niの量の多いも

のは銀に似た白い輝きを放つため，硬貨にも多く用いられる．日本の100円硬貨，50円硬貨は，白銅である（**表7·2**）．

表7·2　日本の硬貨の材質

新500円	Cu 70%，Ni 10%，Zn 20%
旧500円	Cu 75%，Ni 25%
100円	Cu 75%，Ni 25%
50円	Cu 75%，Ni 25%
10円	Cu 95%，Zn 3%，Pb 2%
5円	Cu 60〜70%，Zn 40〜30%
1円	Al 100%

⑦　Cu-Ni-Zn系

洋白（C 7351，C 7451 など）は，白銅に Ni を5〜30%，Zn を 10〜30%加えたものであり，展延性，耐食性に優れ，光沢が美しいため，洋食器や装飾品，また，医療機器などに用いられている．引張強さなどの機械的性質において，黄銅より優れる．

なお，日本の500円玉は以前は白銅だったが，変造が相次いだために2000年8月に洋白になった（表7·2）．少し黄色くなったのは，Zn が混ざったためである．

⑧　Cu-Be系

ベリリウム銅（C 1700，C 1720）は，1.6〜2.0%の Be，0.2〜0.3%の Co を添加した合金であり，耐食性がよく，時効硬化処理前は展延性に富み，処理後は耐疲労性，電気伝導性が増加するという特徴をもつ．

なお，時効硬化処理は成形加工後に行う．

導電性に加えて，ばね性にも優れるため，各種の高性能ばねや精密機械部品に用いられる．

章 末 問 題

問題 1 CuとFeの比重と融点を述べなさい.

問題 2 CuとFeの機械的性質の違いを簡潔に述べなさい.

問題 3 黄銅の合金元素と特徴を簡潔に述べなさい.

問題 4 六四黄銅, 七三黄銅とは何か簡潔に述べなさい.

問題 5 ネーバル黄銅とは何か簡潔に述べなさい.

問題 6 青銅の合金元素と特徴を簡潔に述べなさい.

問題 7 砲金とは何か簡潔に述べなさい.

問題 8 白銅とは何か簡潔に述べなさい.

問題 9 洋白とは何か簡潔に述べなさい.

問題 10 5円硬貨, 100円硬貨, 500円硬貨の材質をそれぞれ答えなさい.

問題 11 ベリリウム銅とは何か簡潔に述べなさい.

問題 12 英語でBrass^{ブラス}, Bronze^{ブロンズ}に対応する銅合金は何か.

第 8 章

その他の金属材料

　この章では Zn，Sn，Pb などの低融点金属，Mg，Ti などの軽金属を紹介する．これらの金属は，単独でも優れた性質をもつが，鉄鋼材料に添加したり，めっきしたりすることで，鉄鋼材料の欠点を補い，優れた性質を引き出す．
　鉄鋼材料と比較しながら，これらの金属の特徴を学ぶ．

8-1 亜鉛・すず・鉛とその合金

……………… めっきする 材料異なる トタンとブリキ

Point
① Zn, Sn, Pb は，どれも融点が低い金属である．
② Zn と Sn は，Fe の防食のために用いられることが多い．

❶ 亜鉛 (Zn)

亜鉛 (Zn) は，融点が低く，鋳造性に優れる青白色(せいはくしょく)の金属光沢をもつ，もろい金属である．比較的安価であり，とくにダイカスト用亜鉛合金と金型用亜鉛合金の需要が高い．Zn はイオン化傾向が Fe よりも強いため，Fe と接して存在すると，Zn が先にイオン化する．このため，Zn が存在する限りは Fe が腐食しない．これを**犠牲防食作用**という（図 8・1）．Fe に Zn をめっきした板材を**トタン**という．しかし，Zn が溶け出すことによる防食であるため，食品容器には利用できず，主に屋外での利用となる．

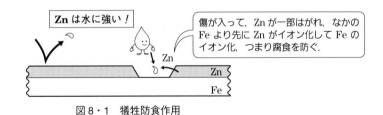

図 8・1 犠牲防食作用

❷ すず (Sn)

すず (Sn) は，展延性や耐食性に優れる銀白色の金属光沢をもつ金属である．Fe に Sn をめっきした板材を**ブリキ**といい，耐食性が高いため食品容器に利用される．これは，**バリア防食**とよばれ，Sn そのものの耐食性を利用している．Fe が水や酸素に触れないようにしているだけで，傷などで Fe が露出すると腐食が進行するので注意が必要である．

Sn は，常温以下で再結晶を起こすため，あまり加工硬化しない．したがって，

Zn, Pb, Sb とともに, 滑り軸受材料として有用である.

Sn の合金はホワイトメタルと称され, 船舶用の軸受材 (図 8·2), ケーシング (筐体(きょうたい)) などに利用される.

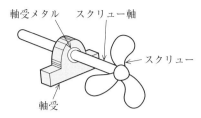

図 8·2 船舶用軸受

❸ 鉛 (Pb)

鉛 (Pb) は融点が低く, 鋳造しやすい金属である (表 8·1). また放射線を透過しにくい. 耐食性も高く, とくに濃硫酸に侵されないなどの特質がある. しかし, 鉛中毒とよばれる人体への有害性があるため, 近年は使用を控える傾向にある.

Pb は Sb を添加することで硬くなる. Sb を 3.5～8.5% 程度添加した Pb は硬鉛(こうえん)とよばれ, 電気的用途や構造用途, 放射線遮へいなどに用いられている. また, Sb を 20% 程度, Sn を 10% 程度添加した鉛合金は活字(かつじ)合金とよばれ, 以前は活字印刷に利用されていた.

Pb-Sn の合金は**はんだ**とよばれ, はんだ付けに利用される. しかし, 近年は, 環境や人体への影響に配慮するため, かわりに Sn-Ag-Cu の合金である無鉛はんだが多く利用されるようになっている.

Pb-Sn-Bi-Cd の共晶合金は, **低融点合金**とよばれ, 電気ヒューズや温度検知式消火弁などに用いられる.

表 8·1 Zn と Sn と鉛の物理的性質

	Zn	Sn	Pb
原子番号	30	50	82
結晶構造	稠密六方格子	正方晶	面心立方格子
密度 $\times 10^3$ 〔kg/m³〕	7.1	7.3	11.3
熱伝導率 〔W/(m·K)〕	116	66.6	35.3
導電率 〔1/(mΩ)〕	16.6×10^6	91.7×10^6	4.81×10^6
比熱容量 〔J/kg·K〕	390	228	129
融点 〔℃〕	419	232	329
引張強さ 〔MPa〕	200～280	30～40	10～30

8-2 チタンとその合金

すごいぞ 強くて軽い チタン合金

Point
1. Ti は，Fe より軽く，強く，耐食性にも優れた材料である．
2. チタン合金には Al や V，Sn，Mo などが添加される．

① チタン（Ti）

チタン（Ti）は，比重が Fe の約 60% と軽く，高強度で弾性に富んだ材料である．また，耐食性に優れており，海水に対しても完全耐食であること，低温でも粘り強いことなどの特徴ももつ．

しかし，熱伝導率が小さい（**表 8・2**）とは，熱が逃げにくいということであるため，切削加工において切刃のほうが欠けたり，工具のほうが磨耗しやすくなる．また，同じ理由から鋳造や溶接なども難しい材料といえる．

表 8・2　Ti と Fe の物理的性質

	Ti	Fe
原子番号	22	26
結晶構造	稠密六方格子	体心立方格子
密度 $\times 10^3$ [kg/m³]	4.5	7.9
熱伝導率 [W/(m·K)]	21.9	80.2
導電率 [1/(mΩ)]	2.34×10^6	9.93×10^6
比熱容量 [J/kg·K]	520	440
融点 [°C]	1668	1535
引張強さ [MPa]	300	180〜300

Ti の精錬は，鉱石から鉄分を C と熱してのぞき，さらに熱しながら Cl を通じ TiCl₄ とし蒸留精錬する．これを Ar 中，約 900°C で Mg と反応させて金属チタンを得る．Ti は高温で炭化物や窒化物を発生させるため，排気処理にも手間を要し，精錬にコストがかかる．JIS では純チタンとして，1 種から 4 種が規定されている．

❷ チタン合金

チタン合金は，Ti に Al，V，Sn，Mo などを添加して耐食性や機械的強度を向上させたものである．とくに，Al を加えることで，純チタンより比強度がアップする．チタン合金のうち，とくに高い強度をもつのは，Ti に Al を 6%，V を 4% 添加した TAF 6400 であり，Ti-6Al-4V とも表記する．また，通称で 64 チタンともよばれる．この引張強さは 895 MPa 以上あり，この値は純チタンで引張強さが最も大きい TF 550（チタン 4 種）の 550～750 MPa と比べてもかなり大きい．

チタン合金は，軽くて丈夫でさびにくいという性質を活かして，航空機，とくに戦闘機の発展とともに開発が進められてきた．例えば，ジェットエンジンのタービン部分で使用され，エンジンの軽量化に貢献している（図 8・3）．

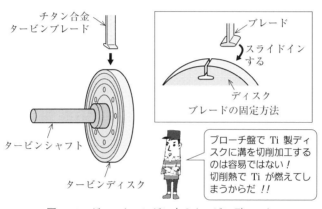

図 8・3　ジェットエンジン内のタービンディスク

さらに，Ti は，海水に対して高い耐腐食性をもつことから，船舶・海洋分野でも広く用いられる．日本の深海潜水調査船「しんかい 6500」の耐圧殻には Ti 合金の Ti-6Al-4V-ELI が用いられている．ここで ELI とは，不要な元素の含有量をきわめて低いレベルに抑えている（extra low interstitials）ことを意味する．

また，Ti は優れた生体適合性をもつことから，人工関節や人工歯根などに純チタンやチタン合金が用いられる．Ti は資源的には無尽蔵だが，製造が非常に難しいため，レアメタルの 1 つに数えられている．

8-3 マグネシウムとその合金

―― とにかく軽い それが マグネシウム

① Mg は，最も軽い実用金属であり，比強度が高い．
② Mg は，熱伝導率が大きく，電磁波シールド性が高く，振動・衝撃特性にも優れている．

❶ マグネシウム（Mg）

マグネシウム（Mg）の比重は，Fe の約 4 分の 1，Al の約 3 分の 2 であり，構造材として使用される実用金属の中で最も軽い．また，比重に対する材料の強度である比強度が鉄鋼やアルミニウム合金よりも高いため，強度を落とすことなく軽量化が可能となる．

また，アルミニウム合金には及ばないものの，熱伝導が高いため放熱特性に優れている（表 8・3）．この特性を活かした用途として，放熱が必要な PC や液晶プロジェクタの部品があげられる．

Mg には電磁波シールド性が高いという特徴があるため，携帯電話のケーシング（筐体）やシールド材としての用途も増えている（図 8・4）．また，振動や衝撃によるエネルギーの吸収特性に優れるため，タブレット PC や車のステアリング

表 8・3 Mg と Fe の物理的性質

	Mg	Fe
原子番号	12	26
結晶構造	稠密六方格子	体心立方格子
密度×10^3〔kg/m³〕	1.7	7.9
熱伝導率〔W/(m・K)〕	156	80.2
導電率〔1/(mΩ)〕	2.26×10^6	9.93×10^6
比熱容量〔J/kg・K〕	1020	440
融点〔℃〕	650	1535
引張強さ〔MPa〕	190	180～300

114　第 8 章　その他の金属材料

部品などにも用いられる（図 8・5）.

Mg は，天然資源が豊富で，リサイクル性にも優れているため，次世代の素材としても注目されている.

❷ マグネシウム合金

マグネシウム合金の添加元素には Al と Zn が多く用いられており，JIS の記号では AZ91，AM60 などがある.

マグネシウム合金の成形には，大きな部品には鋳造，小さな部品にはダイカストが用いられる．しかし，溶けたマグネシウム合金は，化学的に活性であり，空気に触れるとすぐに燃焼するため危険である．近年，半溶融状態のマグネシウム合金を金型内に加圧充填するチクソモールディングという加工法が注目されている．チクソモールディングは，プラスチックの射出成形と似ており，これによって薄肉製品の加工も可能となる.

（a）デジタルカメラのケーシング

（b）携帯電話のケーシング

図 8・4　マグネシウム合金の用途

図 8・5　レース用バイクのホイール

章 末 問 題

問題 1 Zn と Sn の比重と融点を述べなさい.

問題 2 トタンの合金成分と特徴を述べなさい.

問題 3 ブリキの合金成分と特徴を述べなさい.

問題 4 Pb の使用が減少する傾向にあるのはなぜか. 理由を述べなさい.

問題 5 Ti の比重と融点を述べなさい.

問題 6 Ti の機械的性質を簡潔にまとめなさい.

問題 7 チタン合金の主な合金元素を 2 つあげなさい.

問題 8 チタン合金の主な用途をあげなさい.

問題 9 Mg の比重と融点を述べなさい.

問題 10 Mg の機械的性質を簡潔にまとめなさい.

問題 11 マグネシウム合金の主な合金元素を 2 つあげなさい.

問題 12 マグネシウム合金の主な用途をあげなさい.

第9章

プラスチック

> われわれの身のまわりには，プラスチック製品があふれている．
> プラスチックは，ガラスのように透明で，あるものは色鮮やかで美しい．また，しなやかで，あるものは硬い．
> これらの多くは安価な汎用プラスチックであるが，大きな強度をもつエンジニアリングプラスチックもある．
> 本章では，プラスチックとは何かを説明し，その後，各種プラスチックについて学ぶ．

9-1 プラスチック

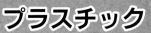
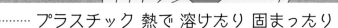

プラスチック 熱で 溶けたり 固まったり

① プラスチックは高分子材料の総称であり，軽くてある程度の強度をもつ．
② プラスチックには，熱可塑性と熱硬化性がある．

１ プラスチックとは

　プラスチックは，人工的に合成された高分子材料の総称であり，その種類に応じて，さまざまな特性をもつ．例えば硬いものや軟らかいものを金属よりも軽量で簡単に成形できること，熱や電気を伝えにくいこと，耐食性や耐薬品性に優れること，着色が容易なことなどがあげられる．一方，金属材料と比較した場合の短所として，耐熱性が低いことや表面硬さが小さいことなどがあげられる．
　プラスチックは，原材料を加熱して流動性を示したところで，加圧成形することが多い．一度成形した後，再び加熱したときの性質の違いにより，プラスチックは次の２つに大別される．

① **熱可塑性プラスチック**
　加熱によって軟化するプラスチックを**熱可塑性プラスチック**という（図 9·1 (a)）．これは，成形した後に再加熱すると再度軟化するため，再利用が可能である．

② **熱硬化性プラスチック**
　加熱によって硬化するプラスチックを**熱硬化性プラスチック**（図 9·1 (b)）という．こちらは，成形した後は再加熱しても軟化することはなく再利用できない．

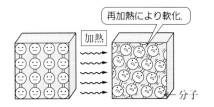
（a）熱可塑性プラスチック

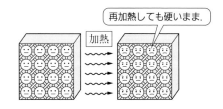
（b）熱硬化性プラスチック

図 9·1　プラスチックの性質

❷ プラスチックの種類

プラスチックを機械材料として使用する場合に，個々に適材適所とするうえで念頭に入れておく特性には，引張強さ，硬さ，耐衝撃性，耐摩耗性，耐食性，耐薬品性，絶縁特性，熱伝導特性などがあげられる．材料を選択する場合には，これらの中で，どの特性を活かして使用したいのかをよく考えておく必要がある．

軽くて汎用性があり，幅広く用いられているプラスチックを**汎用プラスチック**という．また，引張強さや硬さなど，機械材料としての特性を備えたプラスチックを**エンジニアリングプラスチック**という（図**9・2**）．

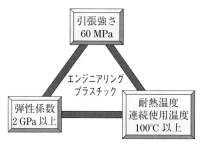

図 9・2　エンジニアリングプラスチック

❸ プラスチックの成形

熱可塑性プラスチックの代表的な成形法は，**射出成形**である．この成形は，粉末や粒状のプラスチック材料をホッパに入れ，ヒータで加熱した後にノズルから金型に噴出することで製品の成形を行う（図**9・3**）．

プラモデルや 100 円ショップで販売されている生活雑貨などのプラスチック製品の多くは，この方法でつくられている．

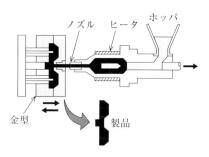

図 9・3　プラスチックの射出成形

9-2 汎用プラスチック

―――― 軽くて 成形しやすい 汎用プラスチック

Point
① 汎用プラスチックは，軽くて成形しやすい材料である．
② アクリル樹脂は硬度が高く，透明度が最も高いプラスチックである．

❶ ポリエチレン（PE）

ポリエチレン（**PE**）は，原料が安価で，成形しやすく，多用途に用いられる．比重は 0.92〜0.95 で，防水性，電気絶縁性，耐油性があり，容器，ビン類，食品容器，包装用フィルム，ポリバケツなどに用いられる生産量が最も多い樹脂である（図 9・4）．

図 9・4　ポリエチレン製品

❷ ポリプロピレン（PP）

ポリプロピレン（**PP**）は，ポリエチレンに似ているが，より硬く，引張強さがある．比重は 0.90〜0.92 で，耐熱性は 110℃である．絶縁性，耐薬品性があり，繰返し曲げに強い．日用品から家電製品，自動車まで幅広く用いられる（図 9・5）．

メガホン

クリアファイル

図 9・5　ポリプロピレン製品

❸ ポリスチレン（PS）

ポリスチレン（**PS**）は，比重が 1.04〜1.09 であり，高い透明性を利用し，弁当やコップなどの日用品の容器として，広く用いられる．ポリスチレンに発泡剤を加えて成型する発泡スチロールは，めん類

DVD のケース

発泡スチロール

図 9・6　ポリスチレン製品

や食品の断熱容器等として用いられている（図9·6）．

❹ ポリ塩化ビニル（PVC）

ポリ塩化ビニル（**PVC**）は，比重が1.16〜1.45であり，塩化ビニル（塩ビ）ともよばれる．耐水性，耐酸・アルカリ性に優れる．また，可塑剤の配合によって，硬質から軟質までの調整が可能である．主にパイプやホース，容器として用いられている（図9·7）．

塩素を多く含むため，不適切な焼却処理で発がん性のあるダイオキシンが発生するリスクがあるため，代替化が進んでいる．

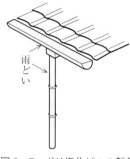

図9·7　ポリ塩化ビニル製品

❺ アクリル樹脂（PMMA）

アクリル樹脂（**PMMA**）は，透明度が最も高いプラスチックであり，硬度も高い．さらに，熱加工しやすく，加熱して軟化させ，曲げ加工でき，その結果のにごりもほぼ発生しない．しかし，硬くてもろいという欠点がある．

レンズなどの光学製品，照明器具やそのカバー，計器類のカバーなど，透明度を必要とする製品や，光ファイバに用いられる．また，アクリル樹脂の優れた強度を利用して，ガラスでは不可能であった水族館の大型水槽パネルが可能となった（図9·8）．

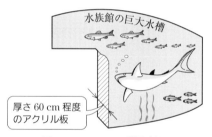

図9·8　アクリル樹脂製品

❻ ポリエチレンテレフタレート（PET）

ポリエチレンテレフタレート（**PET**）は，軽くて透明で割れにくい材料として，清涼飲料や調味料などの使い捨て容器に広く用いられている材料である（図9·9）．ペット（PET）ボトルのリサイクルには，環境負荷の面から問題点も指摘されてきたが，近年はコスト面なども含めたリサイクルの取組みが加速している．

図9·9　ペットボトル

9-3 エンジニアリングプラスチック

エンプラは 強くて硬く 熱にも強い

Point
1. プラスチックの中でも，とくに優れた機械的性質をもつものを，エンジニアリングプラスチックという．
2. エンジニアリングプラスチックの中でも，とくに優れた機械的性質をもつものをスーパーエンプラという．

　プラスチックの中でも，引張強さ，耐衝撃性などの機械的性質や電気絶縁性に優れており，機械材料として用いられるものを**エンジニアリングプラスチック**（略してエンプラ）という．ここでは，代表的なものをいくつか紹介する．なお，規格の番号とメーカの商品名が混在するので，材料の選定には注意が必要である．

1 ポリアセタール（POM）

　ポリアセタール（**POM**）には製法の違いにより単独重合体のホモポリマーのもの（デルリン）と共重合体のコポリマーのもの（ジュラコン）がある．機械的性質は金属に最も近く，耐疲労性，耐摩耗性，寸法安定性，耐水性がよい．不透明で乳白色である．デルリンは85℃，ジュラコンは105℃までの高温連続使用に耐える．耐疲労性と耐摩耗性の高さが求められる電気製品の可動部分や，歯車，軸受，ボルト，自動車部品などに，強度と自己潤滑性の高いポリアセタールは適した材料である（図**9・10**）．また，寸法安定性がよいことから，精密機器の機構部品にも用いられる．

　繊維状のポリアセタールは，テニスラケットのガットや漁網にも利用される（図9・10）．

歯車

ガットは繊維状のポリアセタール
テニスラケット

図9・10　ポリアセタール製品

❷ ポリカーボネート（PC）

ポリカーボネート（**PC**）は，透明度が高く，引張強さ，圧縮強さ，耐衝撃性に優れる．

耐熱性，耐寒性にも優れ，$-100 \sim 120°C$の広い範囲で機械的性質の低下が少ない．電気絶縁性もよい．しかし，繰返し変形には弱く，塩素含有溶剤に溶けるという欠点がある．精密機器や，コンピュータのケーシング，自動車のヘッドライト，医療機器，ヘルメットなどに用いられる（**図9・11**）．

図9・11 自動車のヘッドライト

❸ ポリアミド（PA）

ポリアミド（**PA**）は，ナイロン6やナイロン66として知られている．名前の数字は，繰返しの単位となる分子中の炭素数である．ナイロン6は，世界初の合成繊維で，引張強度と曲げ

すべり軸受　　歯車

図9・12　ポリアミド製品

強度があり，耐摩耗性に優れるため，自動車部品，電気電子部品の歯車やねじ，軸受などの機械要素や医療機器の部品として用いられる（**図9・12**）．半透明，軽量で水分を吸わず，強度も高い．摩擦係数が小さいため，滑りがよく，自己潤滑性もある．

ナイロン66は耐熱性もあり，ガラス繊維で強化することで$240°C$まで耐えるものもある．しかし，吸水性が高く，水を吸うと軟らかくなり，絶縁性も低下する．

❹ スーパーエンプラ

エンプラの中でも，とくに硬度が大きくて粘り強く，耐熱性が$150°C$以上と高く，耐薬品性をもつ材料を「**スーパーエンプラ**」という．

代表的なスーパーエンプラとしてはポリエーテルエーテルケトン（PEEK），ポリサルホン（PSU），ポリエーテルサルホン（PES），ポリフェニレンスルフィド（PPS），液晶ポリマー（LCP）などがある．

9-4 複合材料

――― 異方性 考えて使う 複合材料

Point
① 複合材料とは，2種類以上の異なる材料を組み合わせて，単一材料では得られない機能や性質をもたせた材料である．
② プラスチック系の複合材料には，ガラス繊維強化プラスチックや炭素繊維強化プラスチックがある．

❶ 複合材料とは

　複合材料とは，金属やプラスチック，セラミックスなど，2種類以上の異なる材料を組み合わせることにより，単一材料では得られない機能や性質をもたせた材料である．これらの材料は，それぞれの素材を繊維状・微粒子状にして，積層したり，混合したりすることによって，板材や棒材を成形する（図 **9・13**）．

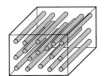 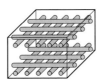 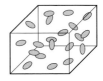

図 9・13　複合材料の組織

　ここでは，主に繊維を用いて材料を強化する複合材料について紹介する．
　繊維を何らかの媒体中に分散させて結合した複合材料において，繊維のことを**強化剤**，媒体を**母材**（または**マトリックス**）といい，繊維をプラスチックで強化した複合材料を**繊維強化プラスチック**（**FRP**）という．FRPとは，Fiber Reinforced Plastics の頭文字である．ここで用いられる繊維には，多くの種類があり，**ガラス繊維**（glass fiber）を用いたものを**ガラス繊維強化プラスチック**（**GFRP**），**炭素繊維**（carbon fiber）を用いたものを**炭素繊維強化プラスチック**（**CFRP**）という．

❷ 繊維強化プラスチックの種類

① ガラス繊維強化プラスチック（GFRP）

ガラス繊維を常温・常圧のまま熱硬化樹脂で硬化させたFRPは1940年代にアメリカで開発された．熱硬化性樹脂だけではもろい性質しかもたないが，これにガラス繊維を複合化する（組み合わせて複合材料にする）ことにより，引張強さや曲げ強さ，衝撃強さなどを強化できるようになった（図9・14(a)）．また，金属材料と比較して軽量であるFRPは，強さを単位体積あたりの重さ（比重量）で割った値である**比強度**の面でも優れている．このように軽くて強い材料であることが，FRPの大きな特長である．また，耐熱性，耐水性，断熱性，耐薬品性などの面でも優れた性質をもつ．一方，短所としては，層状の繊維の層間に強度の不連続部分ができたり，層間接着性が問題になることがある．層間にすき間ができることを**層間剝離**という．また，熱硬化性の樹脂を使用するため，廃棄物としての処理が難しいことも短所にあげられる（図9・14(b)）．

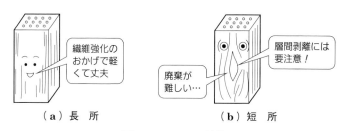

図9・14　FRPの特徴

ガラス繊維強化プラスチックの用途としては，浴槽や船体，水槽，ヘルメット，自動車のバンパー，薬品タンクや容器，各種化学プラント機器，棒高跳びのポールなどがある（図9・15）．

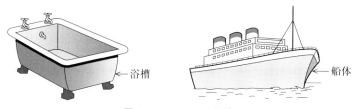

図9・15　GFRPの用途

② 炭素繊維強化プラスチック（CFRP）

炭素繊維強化プラスチック（**CFRP**）は，鉄の約 4 分の 1 の軽さで約 10 倍の強度があることに加えて，耐熱性，低熱膨張率，化学的安定性などの面でも優れている．

炭素繊維とは，炭素を繊維状にしてつくられる高強度・高弾性の繊維のことである（**図 9・16**）．現在，工業生産されている炭素繊維には，原料別の分類としてアクリル繊維を燃焼させてつくる PAN（ポリアクリロニトリル）系，石炭や石油原料からつくるピッチ系およびレーヨン系などがある．日本での炭素繊維生産は 1970 年代初期から PAN 系と物理的性質が方向によって違いがない等方性ピッチ系，1980 年代後期から異方性ピッチ系炭素繊維が加わり，現在では品質，生産量ともに世界一の実績を誇っている．

炭素繊維が単独で使用されることはまれで，通常は樹脂・セラミックス・金属などを母材とする複合材料の強化のために利用される．ここで用いられる樹脂には，フェノール樹脂やエポキシ樹脂などがある．

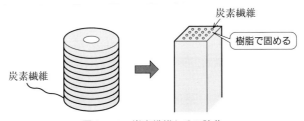

図 9・16　炭素繊維とその強化

炭素繊維強化プラスチックの用途としては，航空機や船舶の構造材，コンクリート構造物の補強用材から，テニスラケットや釣ざおといった生活用品まで，幅広い（**図 9・17**）．

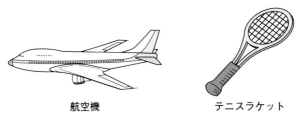

図 9・17　CFRP の用途

❸ 等方性と異方性

　金属材料はどの方向からでも同じ性質をもつ**等方性**の材料であった．これに対して，複合材料に用いられる繊維は，方向によって性質が異なる**異方性**をもつ（**図9・18**）．すなわち，異方性の材料では，ある方向から引張ると強度が大きいが，ある方向から引張ると強度が小さいというようなことが発生する．

　この異方性の性質を解消するため，複合材料はそれぞれの層の繊維方向を考慮しながら，樹脂で固めていくという製造を行う（**図9・19**）．

　なお，1枚のシートの繊維方向は，その織り方によってさまざまなものがある．とくに方向を定めずにランダムな繊維方向をしているものを**チョップドストランドマット**，一方向に引きそろえた繊維に各種樹脂を含浸したシートを**プリプレグ**という（**図9・20**）．このほか，面状に織ったものや三軸に織ったものもある．

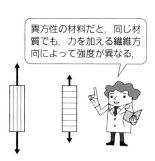

図9・18　異方性

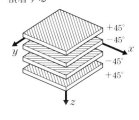

図9・19　積　層

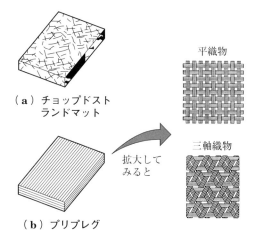

図9・20　繊維の形状

9-4　複合材料　127

❹ 複合材料の製造法

複合材料はその種類に応じて，さまざまな製造法がある．ここでは，それらの中から代表的なものをいくつか紹介する．

① ハンドレイアップ法

ガラス繊維と樹脂を交互に手作業で積み上げていく方法を**ハンドレイアップ法**（手積み積層成形法）といい，FRPの基本的な成形法である（**図9・21**）．作業を進めるにあたっては，樹脂の臭いがきついため，マスクをして行うとよい．また，層状にしていくときには，層間剥離の発生を防ぐため，層間に空気が入らないようにする必要がある．

この方法は，大型の製品，少量生産の製品，寸法精度の緩やかな製品，形状の複雑な製品などの成形に適する．

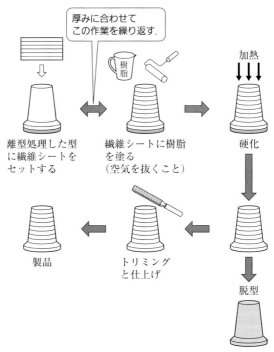

図9・21　ハンドレイアップ法

② オートクレーブ法

高精度が要求される複合材料では，半硬化状の薄いシートである**プリプレグ**を必要な枚数だけ重ねて，**オートクレーブ**とよばれる炉で温度，圧力，真空状態などを制御しながら，成形をする（**図 9・22**）．これを**オートクレーブ法**といい，航空宇宙分野をはじめ，現在では自動車や船舶，建設，スポーツなどの分野で用いられる大型で複雑な三次元形状の製品成形に利用されている．

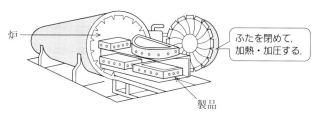

図 9・22　オートクレーブ法

③ フィラメントワインディング法

糸巻きに糸を巻き付けるようにして，圧力容器や各種のパイプやシャフト，釣ざお，棒高跳びのポールなどのような管状製品を成形する方法を**フィラメントワインディング法**という（**図 9・23**）．張力を加えて成形するため，できあがった製品の繊維含有率が高く，機械的性質にも優れる．また，大型製品の大量生産にも適している．

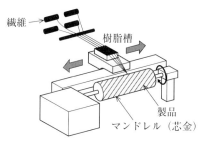

図 9・23　フィラメントワインディング法

章 末 問 題

問題 1 プラスチックの一般的な性質を述べなさい.

問題 2 熱硬化性プラスチックと，熱可塑性プラスチックの違いを述べなさい.

問題 3 熱可塑性プラスチックの代表的な成形法を述べなさい.

問題 4 軽くて汎用性があるプラスチックの具体名を3つあげなさい.

問題 5 エンジニアリングプラスチックの性質を述べなさい.

問題 6 エンジニアリングプラスチックの具体名を3つあげなさい.

問題 7 スーパーエンプラの具体名を3つあげなさい.

問題 8 複合材料とは何か述べなさい.

問題 9 FRPとは何か述べなさい．また代表的なFRPを2つ答えなさい.

問題 10 材料における等方性と異方性の違いを述べなさい.

問題 11 繊維強化プラスチックの層状の繊維の層間に，強度の不連続部分ができることを何というか.

問題 12 複合材料の製造法を2つあげなさい.

130　第9章　プラスチック

第10章
セラミックス

　古くから人類は，粘土を焼き固めた土器や陶磁器などを用いてきた．セラミックスは，これらの焼き物のことであるが，技術の進歩によって，硬い，燃えない，さびないなど，金属材料にはないさまざまな特性をもたせることができるようになってきた．
　本章では，セラミックスの特性とその種類，製造法などについてまとめた．

10-1 セラミックスとは

── セラミックスは 硬い 燃えない さびない

① セラミックスは，古くて新しい材料である．
② 硬い，燃えない，さびないはセラミックスの大きな特長である．

① セラミックスとは

　人類は古くから，粘度を焼き固めて，土器や陶磁器などを製造し，用いてきた．これが**セラミックス**の起源である．また，耐火レンガやガラスなども，セラミックスの仲間である．わが国でも縄文時代から培われてきた土器の製造技術は，現在では，絶縁体としての碍子(がいし)や自動車エンジンの点火プラグなどの工業製品へと応用されている．さらに，これらの技術を発展させて，従来のセラミックスにさまざまな機能をもたせて，耐熱強度材料，電気・磁気・光学などの機能性材料，生体材料などに用いられるようになったものを，とくに**ファインセラミックス**という．ここでの"ファイン"には，「素材について人工的な原料を使用して，各工程において厳密にコントロールして製造する」という意味がある．

　セラミックスの大きな特長は，硬い，燃えない，さびないことであり，これらの面では金属よりも優れていることが多いため，過酷な環境でのセラミックスの機械材料としての用途は増加している（**図 10・1**）．

図 10・1　セラミックスとは

第 10 章　セラミックス

❷ セラミックスの製造法

　セラミックスの原料は粉末状であることが多く，これをいかにして均一に混ぜ合わせて，うまく焼き固めるかが製造におけるポイントとなる．すなわち，粉末を均質に**焼結**する（粉末を焼いて結合させる）のがセラミックスの製造法であり，これを**粉末冶金**ともいう．

　陶磁器などの焼き物にみられるように，セラミックスの最も簡単な成形は，粘土状の材料を手で成形した後に焼結することである．しかし，これでは対称的な形状の成形が難しいため，お椀状に成形するためには，**ろくろ**を用いる．さらに精度のよい製品を大量に生産する方法として，流動する粘土を型に流し込んで成型する**泥漿鋳込み法**（スリップキャスト法），流動する粘土を金型に流し込んで加圧する**射出成形法**などがある（**図10・2**）．

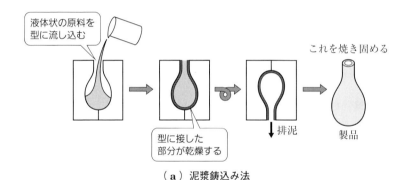

(a) 泥漿鋳込み法

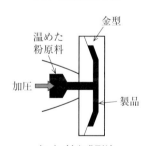

(b) 射出成形法

図10・2　セラミックスの製造法

10-2 セラミックスの種類と用途

セラミックス もろいのが 大きな短所

Point
1. 耐熱強度セラミックスの代表は窒化ケイ素であり，耐熱合金鋼よりも高温域での強度がある．
2. 電気電子セラミックスの代表はチタン酸バリウムである．

セラミックスは，その種類によって，さまざまな特性をもつ．ここでは，その特性ごとに，代表的なセラミックスをまとめる．

① 耐熱強度材料としてのセラミックス

耐熱合金鋼は，Ni などの合金成分を加えたとしても，1 000°C 以上で強度を保つことは難しい．一方，セラミックスは燃えないという特徴があるように，合金鋼よりも高温において強度を保つことができる．**窒化ケイ素**（Si_3N_4）や炭化ケイ素（SiC）などのセラミックスは，1 200°C 以上でも強度の低下がなく使用することができ，さらに限界を 1 500°C 程度まで上げる研究が進められている．耐熱強度材料の用途として，最も期待されているのは熱機関としてのエンジンである．熱機関は高温で作動させたほうが効率がよいことが知られている．しかし，その熱機関を高温に耐えうる材料でつくれなければ，実用化することができない．そこで注目されているのが，高温でも強度が低下しないセラミックスなのである．

ところが，セラミックスはもろいという欠点を抱えている．すなわち，セラミックスは金属材料のような展延性がほとんどないため，引張荷重などにおける強度不足による破壊は，小さな傷などを起点としてき裂が生じ，一瞬に起こるのである．そのため，これをエンジンとして利用することは，安全の面から十分な検討が必要となる．

例えば，同じように粉末原料を固めてつくられるチョークを引張って破断させたとき，チョークは少しでも伸びてから破断するだろうか．また，陶磁器でできている茶碗や植木鉢などは少しでも伸びてから破断するだろうか．そのような現象はみられないはずである．しかしながら，セラミックスの欠点であるもろさを改善するための研究は日々進められており，今後このもろさが克服されていくこ

とで，セラミックスの用途はますます広がることが期待される．

① **ターボチャージャ**

最初にセラミックが自動車エンジンの部品として実用化されたものは，点火プラグに用いられる碍子（がいし）であった．

その後，航空機のエンジンで圧縮空気を強制的に燃焼室に取り込むための**ターボチャージャ（過給器）**が実用化された（**図10·3**）．この部品は耐熱強度をもつセラミックスとステンレスなどの合金鋼を接合してできているが，ここで発生した問題は熱膨張率の違いである．すなわち，2種類の材料を常温において，ろう付けとよばれる溶接によって接合して部品を製作したとしても，これを高温の状態で用いると，セラミックスよりも合金鋼のほうが熱膨張が大きいため，その接合部で熱応力が発生し，そこから破壊が起きてしまうのである．そのため，ターボチャージャではセラミックスの接合方法が大きな研究課題となっている．

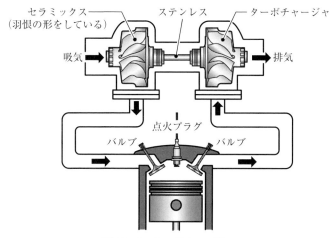

図10·3　ターボチャージャ

② **ガスタービン**

ガスタービンとは，高温・高速の燃焼ガスをタービンブレードとよばれる羽根にあてて，軸を回転させるものである（**図10·4**）．この回転によって発電機を回転させるわけであるが，部材にセラミックスを用いた発電用のガスタービンを開発する研究が進められている．セラミックスは複雑な形状に成形することが難しいため，タービンブレードの成形法などが研究課題となっている．

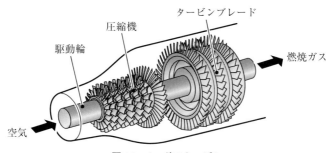

図 10・4　ガスタービン

❷ 電気電子材料としてのセラミックス

セラミックスはさまざまな電気電子特性をもっており，これらの特性を活かした半導体部品や各種センサなどの開発も進められている．

① 誘電性を活かしたセラミックス

セラミックスの電気特性としてまずあげられるのが，材料に電圧を加えた瞬間と，電圧をとりのぞいた瞬間に電流が流れるという，**誘電性**を強くもつことである．これを絶縁性として利用することもできるが，電流がまったく流れないのではなく，瞬間的に流れるので，この特性を利用するのが，電気電子材料としてのセラミックスの利用法である．この性質を示す代表的なセラミックスが**チタン酸バリウム**（$BaTiO_3$）であり，携帯電話の小型化にも貢献している**コンデンサ**の材料などとして，幅広い分野で用いられている（**図 10・5**）．

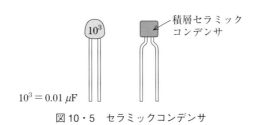

図 10・5　セラミックコンデンサ

② 圧電性を活かしたセラミックス

セラミックスの電気特性として次にあげられるのは，力を加えると瞬間的に高電圧を発生し，また逆に電圧をかけると伸び縮みする，**圧電性**とよばれる性質をもつことである（**図 10・6**）．

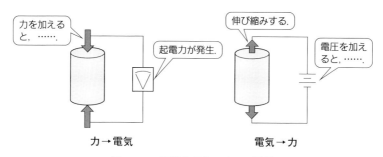

図 10・6　圧電セラミックスの原理

　この性質を示す代表的なセラミックスが**チタン酸ジルコン酸鉛** $Pb(Ti \cdot Zr)O_3$ であり，**PZT** ともよばれている．その用途は，身近なところでは，家電製品や時計の電子音源，電話機やリモコンのクロック信号源，インクジェットプリンタのポンプ源，ガスライターの着火源などがある．また，医用診断装置の超音波源や，自動車の乗り心地を高める電子制御サスペンションのショックアブソーバなど，幅広く用いられている．

　③　**焦電性を活かしたセラミックス**

　圧電性が力と電気の変換であったのに対して，セラミックスに温度変化を与えたときに，電気分極によって電圧が発生する性質を**焦電性**という．この性質を示す代表的なセラミックスは圧電セラミックスと同じチタン酸ジルコン酸鉛（PZT）である．また，この性質を利用したものに温度センサや赤外線センサがあり，火災検出，人体検知，省エネスイッチ，各種セキュリティシステムなどに幅広く用いられている（**図 10・7**）．

図 10・7　赤外線センサ

❸ 磁性材料としてのセラミックス

　セラミックスには磁性をもつ種類がある．微弱な磁場でも磁化する**ソフトフェライト**は，軟質の磁性材料であり，高周波用の各種トランス（変圧器），磁気ヘッ

ド，ノイズ対策用部品などに幅広く用いられている（図 10・8）．

その中でも，コンピュータのハードディスク装置の薄膜磁気ヘッドに用いられているのが，チタン酸カルシウム系や MnO-NiO 系のセラミックス基板である．これらには，表面が平滑で，残留ひずみのない品質が要求されると同時に，磁気記憶媒体に対する耐磨耗性など，動作時に必要とされるさまざまな特性が要求される．

一方，強い磁場を与えないと磁化しない**ハードフェライト**は，一度磁化すれば強い磁場が残留する特徴があり，モータやマイク，スピーカなどの永久磁石に用いられている．

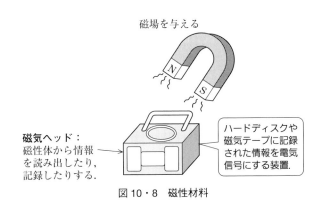

図 10・8　磁性材料

❹ 光学材料としてのセラミックス

材料の光学的な性質とは，その材料が光をどのくらいとおすのか，また吸収するのか，反射するのか，屈折するのかなどがあげられる．ここでは，代表的な光学材料であるガラスや，光通信に欠かせない光ファイバなどを紹介する．

① ガラス

ガラスは二酸化ケイ素（SiO_2）を主要な成分として，結晶化することなく冷却した無機材料のことであり，セラミックスの仲間として分類される．ただし，厳密にはガラスの定義は難しく，ガラス転移現象を示す非晶質固体（アモルファス）という分類もある．

身近なガラスは窓ガラスなどに用いられる**板ガラス**だが，ガラスには，ほかにもさまざまな種類がある（図 10・9）．

138　第 10 章　セラミックス

高層ビルやドアのガラスに用いられる**強化ガラス**は，普通のガラスの数倍の強度をもつ．2枚以上のガラスを強靱な樹脂膜で接着して一体化した**合わせガラス**は，樹脂膜の寄与で割れたときにガラスの破片が飛び散らないため，安全である．2枚のガラスの間に空気の層を設けた**複層ガラス**は，窓の断熱性能を高めるはたらきがある．

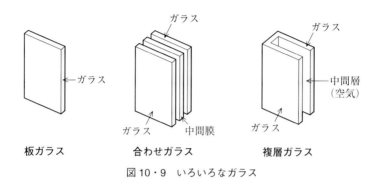

図 10・9　いろいろなガラス

② 光ファイバ

　現代社会の重要なインフラである光ファイバ通信（**図 10・10**）を支えているのが，ガラスを 0.1 mm 程度の繊維とした**光ファイバ**である．構想は 1960 年代にはすでにあったが，実用化するために必要な，光ファイバの材料である石英ガラスの純度を上げる技術や，光ファイバの中を通る光が外部にもれないようにする技術などが確立されるまでに時間がかかった．現在では，それらの問題も解消され，世界中に光ファイバケーブルが張りめぐらされている．

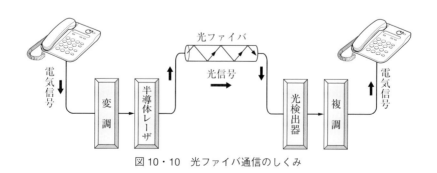

図 10・10　光ファイバ通信のしくみ

光ファイバ通信は，コンピュータの電気信号をレーザによる光信号に変換し，光ファイバによってデータを送信する．したがって，レーザの開発も光ファイバ通信には不可欠であった．

　光ファイバケーブルは，電気信号を流して通信するCuなどの金属ケーブルと比べて信号の減衰が少なく，超長距離でのデータ通信を可能とする．また，電気信号と比べて光信号のもれは遮断しやすいため（図10・11），光ファイバを大量に束ねても相互に干渉しないという特長もある．

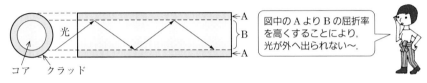

図 10・11　光ファイバケーブル

❺ 生体材料としてのセラミックス

　生体に直接接触して用いる材料を，生体材料または生体適合材料という．セラミックスは生体内においても周囲の組織に溶け出したりせず，安定であり，耐摩耗性にも優れるという特長があるため，生体材料としても注目されている．なお，生体材料として用いられるセラミックスを**バイオセラミックス**という．

　バイオセラミックスには，アルミナ（Al_2O_3），ジルコニア（ZrO_2），チタニア（TiO_2）などの生体内不活性型セラミックス，リン酸カルシウム（$Ca_3(PO_4)_2$，ハイドロキシアパタイト）のような生体内活性型セラミックスがある．アパタイトという言葉は，歯が白くなる歯みがき粉などで知られるようになったが，ハイドロキシアパタイトは組成が歯や骨と同様であることから，骨との結合性がよく，骨折治療などにおいて，骨形成を促進することが期待されている．

① 人工骨・人工関節

　社会の高齢化やスポーツ人口の増大による骨折の増加などの対応として，**人工骨**や**人工関節**の研究開発が進められている（図10・12）．これらの材料として，セラミックスが注目されており，すでに実用化もされているが，強度をより向上させることや長寿命化が課題である．

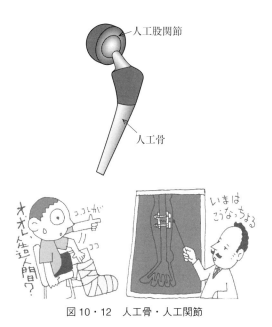

図 10・12　人工骨・人工関節

② 人工歯根

天然歯の根の部分のかわりをする**人工歯根（インプラント）**を用いる，**インプラント治療**（図 10・13）は，再び咬む機能を回復させる治療として，近年広がっている．歯ぐきに合わせてつくった床とよばれる土台の上に人工歯を取り付け，その土台ごと歯ぐきの上に載せて使う入れ歯の場合，咬む力が天然歯の 50% 以下にまで低下してしまう．

この人工歯根の材料として，セラミックスや Ti が注目されている．近年では成形に 3D プリンタも用いられている．

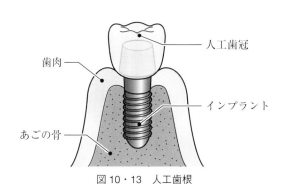

図 10・13　人工歯根

10-3 セラミックスの応用

> **Point**
> ① セラミックス 応用分野は 超伝導と燃料電池
> ① セラミックスの応用分野として注目される技術に，超伝導や燃料電池がある．

① 超伝導

　超伝導とは，電流の流れに対する抵抗が 0 になる現象をいう（図 10・14）．超伝導状態になった材料は同時に強い反磁性を示すため，磁場を受けると反発する．超伝導の歴史は，1911 年にオランダの物理学者カマリン・オンネス（H. K. Onnes）によって，水銀の電気抵抗が 4.2 K（−268.8℃）以下で消失することが発見されたことに始まる．

　さらに，1987 年，希土類元素（Sc. Y，およびランタノイド〔La～Ln〕の総称）を含むセラミックスである金属酸化物が，液体窒素の冷却剤で達成できる程度の低温で超伝導になることがわかった．77 K（−196℃）の液体窒素は液体ヘリウムより効率がよく，安価なので，各種の実用的な応用が考えられるようになった．

　超伝導の応用分野には，超伝導磁気コイルを用いた磁気浮上や，超伝導を用いた電力ケーブルなど，エネルギー分野，輸送分野，医療分野，エレクトロニクス分野など，さまざまなものがある．

　一方，超伝導状態への転移温度が上がったとはいえ，いまはまだ液体窒素で冷やさなければ超伝導は利用できない．さらに高温で超伝導を示す材料の研究対象として，セラミックスも注目されている．

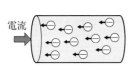
電気抵抗ゼロ

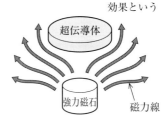
磁場を通さない

図 10・14　超伝導のはたらき

❷ 燃料電池

燃料電池（fuel cell）の原理は（図 **10・15**），1839 年にイギリスのグローブ卿（Sir W. R. Grove）によって発明されており，超伝導よりもさらに古い発見になる．燃料電池にはさまざまな種類があるが，基本原理は同じであり，水の電気分解の逆の現象を用いて，水素と酸素から発電させるものである．

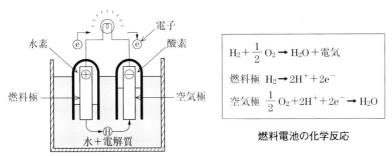

図 10・15　燃料電池の原理

燃料電池の特長には，燃焼反応をともなわずに発電することができるため高効率（約 40％）であること（図 **10・16**），さまざまな燃料を利用することができること，生成物が水なので環境を汚染するおそれがないことなどがあげられる．このため，燃料電池は環境問題とエネルギー問題の同時解決が期待できる技術として注目されている．

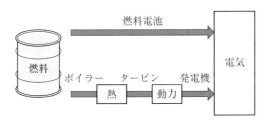

図 10・16　燃料電池と他の発電との比較

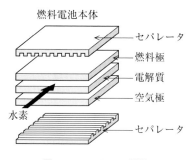

図 10・17　セルの構造

　燃料電池は，ただ気体の水素と酸素を供給してできるわけではなく，燃料極，空気極，電解質などから構成されるセルとよばれる電池を組み合わせることでつくられる（**図 10・17**）．1 つのセルがつくることができる電気は，約 0.7 V であるため，大きな電気をつくるためには乾電池を直列につなぐようにしてセルを積み重ねていく．

　燃料電池の材料としては，多種多様なものが研究されている．その中でも，セラミックス系の**固体酸化物燃料電池**（SOFC：Solid Oxide Fuel Cell）は，燃料電池の中で発電効率が最も高く，しかも全固体なので耐久性が高いものとして，期待されている．

COLUMN　3Rとは

環境と調和した社会を構築するためには，資源の有効利用，廃棄物の減量化および資源の循環を図ることが必要である．これらを効率的かつ効果的に進めるためのキーワードとして，**3R** という用

語がよく使われている．3R とは，リサイクル (Recycle)，リデュース (Reduce)，リユース (Reuse) の頭文字である．すなわち，リサイクルとは使い終わったものをもう一度資源に戻して製品をつくること（図 10・18），リデュースとは製品をつくるときに素材や構造などを工夫して，使い終わった後に出るごみの量をなるべく少なくすること，リユースとは一度使ったものをごみにしないで何度も使うようにすることである（図 10・19）．

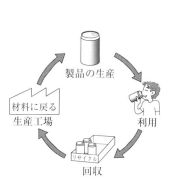

図 10・18　リサイクルのしくみ

図 10・19　リユースのしくみ

このことは，消費者としての立場はもちろんだが，エンジニアとして何らかの製品を設計する場合においても常に念頭に置いておく必要がある．実際，自動車や家電製品などを設計するメーカは現在，リサイクル設計を進めていくためのガイドラインを作成したりして，3R を考慮したものづくりを行っている．例えば，自動車が廃車になった場合に，金属部品やプラスチック部品などを容易に取り外して材料の分別ができるようにすることなども重要なことである．

現在ではリサイクル率が 90％以上の製品もある．

章 末 問 題

問題 1 セラミックスの大きな長所を 3 つあげなさい．またその短所を 1 つあげなさい．

問題 2 セラミックスの製造法を 2 つあげなさい．

問題 3 耐熱強度材料としてのセラミックスの具体名を 2 つあげ，何℃ 程度まで強度の低下がみられないかを答えなさい．

問題 4 耐熱強度材料の用途を 2 つあげなさい．

問題 5 電気電子材料としてのセラミックスには，どのような特性を活かしたものがあるか．

問題 6 磁性材料としてのセラミックスを 2 つあげなさい．

問題 7 ガラスとはどのような材料かを簡潔に述べなさい．

問題 8 生体材料としてのセラミックスの用途の具体例を 2 つあげなさい．

問題 9 超伝導の原理と今後の研究課題を簡潔に述べなさい．

問題 10 燃料電池の原理とそのメリットを簡潔に述べなさい．

章末問題の解答

第1章

問題1 引張強さ，圧縮強さ，曲げ強さ，硬さ，粘り強さ（靱性）

問題2 弾性とは，材料に荷重を加えた後に荷重をとりのぞいたときに，もとに戻る性質のこと．これに対して塑性とは，荷重をとりのぞいたときに変形が残ること．

問題3 応力 σ 〔MPa〕$= \dfrac{\text{荷重 } W \text{〔N〕}}{\text{断面積 } A \text{〔mm}^2\text{〕}}$ より

$$\sigma = 900 \times \frac{10^3}{150} = 6\,000 \text{〔MPa〕}$$

問題4 ひずみ $\varepsilon = \dfrac{\text{長さの変化量 } \Delta l}{\text{もとの長さ } l}$ より

$$\varepsilon = \frac{4}{200} = 0.02$$

問題5 弾性限度内で応力とひずみは比例することをフックの法則という．このときの比例定数を弾性係数といい，垂直応力 σ がはたらいたときに縦ひずみ ε が生じたときの弾性係数を，とくに縦弾性係数またはヤング率という．

問題6 材料に硬質の圧子を押し込む方法には，ブリネル硬さ試験，ビッカース硬さ試験，ロックウェル硬さ試験がある．また，一定の高さから鋼球などを落下させたときの跳ね返り量を測定する方法には，ショア硬さ試験がある．

問題 7 シャルピー衝撃試験とは，ある高さから振り下ろしたハンマで，切り欠きの入ったシャルピー衝撃試験片に衝撃を与えたときの衝撃エネルギーを求める試験である．

問題 8 クリープ試験とは，高温に加熱された試験片に一定の荷重をかけて，金属材料の時間の経過にともなうクリープ変形量や，破断するまでの時間を測定する試験である．

問題 9 熱応力，熱膨張，熱伝導

問題 10 銅，アルミニウム，鉄

第2章

問題 1 原子は中心にある正（＋）の電荷を帯びた原子核と，そのまわりにある負（－）の電荷を帯びたいくつかの電子からなる．原子核はさらに，正の電気を帯びた陽子と，電気を帯びていない中性子からなる．

原子全体としては電子の数と陽子の数は等しい．電子の数は元素の種類によって決まっており，これを原子番号という．

問題 2 **イオン結合**：陽イオンと陰イオンがクーロン力という電気的な引力によって結びつく結合．

共有結合：結合する原子の双方が価電子を 1 個ずつ出し合い，その 2 個の価電子を双方の原子が共有する結合．

金属結合：金属原子が価電子を出し合って陽イオンになり，これが自由電子として金属イオン間を動き回る結合．

問題 3 アモルファスとは，ガラスやセラミックのように原子が結晶をつくらない無秩序な状態で構成された非晶質の固体である．アモルファス金属は普通の金属に比べ，強くてしなやか，非常にさびにくい，磁気特性に優れるなどの大きな特長がある．

┃問題 4┃ 沸点・融点が高い，密度が大きい，電気や熱を通しやすい，展延性が大きい，金属光沢（このうちから 3 つを答える）.

┃問題 5┃ 体心立方格子：常温の Fe
面心立方格子：Al，Cu
稠密六方格子：なし

┃問題 6┃ 固体から液体への変化を融解，液体から固体への変化を凝固，液体から気体への変化を気化（または蒸発），気体から液体への変化を凝縮（液化）という.

┃問題 7┃ 母体金属に合金元素が完全に溶け込んで，全体が均一の固体の組織である固相となっている状態を固溶体という.
固溶体には，母体金属の原子が合金元素の原子に置き換わった置換型固溶体と，母体金属の原子の格子間に合金元素の原子が入り込んだ侵入型固溶体の 2 種類がある.

┃問題 8┃ 金属間化合物は，2 種類以上の金属によって構成される化合物のことであり，成分元素とは異なる特有の物理的・化学的性質を示すことが多い.
一般的な機械的な性質としては，硬くてもろく，変形しにくいという特徴がある.

┃問題 9┃ A と B の結晶が混ざり合った組織が液相から固相になるときに，同時に 2 成分の金属が晶出することを共晶という.
また，単一の固溶体から 2 つの固溶体を析出する，固相から固相への変態を共析という.

┃問題 10┃ 実際の材料の結晶構造は，完全にきちんと並んでいるのではなく，ところどころに乱れた部分や抜け落ちた部分などがある．これを欠陥といい，欠陥が線状になった乱れを転位という.

章末問題の解答　**149**

第3章

問題 1 製銑とは，高炉で鉄鉱石，石灰石，石炭を燃焼させて，銑鉄を取り出す工程である．

また，製鋼とは，転炉に銑鉄やくず鉄などを入れて鋼をつくる工程である．

問題 2 鉄（iron）とは元素記号 Fe で表される元素のことであり，鋼（steel）とは炭素を含んだ炭素鋼の略である．

問題 3 純鉄を液相の状態から温度を下げていくと，1535℃ で凝固する．このときの結晶構造は体心立方格子であり，さらに温度を下げていくと，1394℃ で結晶構造が面心立方格子に変化する．これを A_4 変態といい，純鉄は δ 鉄から γ 鉄になる．

さらに温度を下げていくと，912℃ で結晶構造は面心立方格子から体心立方格子に変化する．これを A_3 変態といい，γ 鉄は α 鉄になる．

問題 4 Fe は常温では強磁性体であるが，加熱していくと約 770℃ で常磁性体に変化することが知られている．これを A_2 変態や磁気変態という．

また，この温度を磁気変態点またはキュリー点という．

問題 5 炭素鋼の平衡状態図では，横軸に炭素の含有量，縦軸に温度をとる．

問題 6 フェライトは，鋼の中で最も軟らかく延性も大きい．また，通常は強磁性体であり，腐食しやすいという欠点がある．

セメンタイトは，非常に硬くてもろい組織で，腐食しにくい性質がある．

問題 7 炭素鋼の熱処理には，焼入れ，焼戻し，焼なまし，焼ならしの操作がある．

焼入れは，炭素鋼をオーステナイト組織の状態から水や油で急冷することによって，マルテンサイト組織の状態に変化させる熱処理である．これにより，炭素鋼は硬くなるが，粘り強さを表す靭性は低下する．焼入れをしたマルテンサイト組織は，硬さはあるがもろいという性質がある．

焼戻しとは，これを改善するために，A_1 線よりも低い温度まで再加熱した後，適当な速度で冷却する熱処理のことである．

構造用の炭素鋼では 400℃ 程度で焼戻しが行われ，これにより，マルテンサイトからフェライトとセメンタイトの混合組織であるトルースタイトになる．トルースタイトはマルテンサイトより，やや軟らかいが粘り強さがある．550～650℃ で焼戻しをするとトルースタイトよりもさらに組織が凝集し，粘り強いソルバイトになる．トルースタイトのほうがソルバイトより硬い．

焼ならしは，加工硬化などによって生じた材料内部のひずみをとりのぞいたり，組織を標準の状態に戻したり，微細化したりする熱処理である．その方法は，鋼をオーステナイト組織の状態で十分保持した後，空気中で十分に冷却することで行われる．これによって組織は微細化したパーライトになる．

焼なましは，加工硬化による内部のひずみをとりのぞき，組織を軟化させ，展延性を向上させる熱処理である．この方法は，鋼をオーステナイト組織の状態で十分保持した後，炉中で徐冷することで行われる．これによって組織は展延性に優れたパーライトになる．

問題 8 浸炭とは，0.2％以下の低炭素鋼の表面に C を浸み込ませて表面を硬くする熱処理である．これにより，低 C の部分は柔軟な組織，高 C の部分は粘り強く，耐摩耗性のある組織になる．

問題 9 SS 材は，一般構造用圧延鋼材のことであり，引張強さだけが保証された一般的な炭素鋼である．S-C 材は，機械構造用炭素鋼鋼材のことであり，C の量などが規定されている炭素鋼である．SS 材が主に一般的な構造材に用いられるのに対して，S-C 材は歯車や軸など，より過酷な環境で用いられる材料である．

問題 10 SK 材は，炭素工具鋼鋼材であり，硬くて磨耗せず，粘り強いなどの特徴をもつ．

問題 11 SB 材は，ボイラおよび圧力容器用鋼板であり，高温・高圧での強度をもつ．

問題 12 SM 材は，溶接構造用圧延鋼材であり，溶接性に優れた特徴をもつ．

第 **4** 章

問題 1 炭素鋼の主要 5 元素には，C，Si，Mn，P，S がある．また，合金元素には，Cr，Mo，V，W，Co などがある．

問題 2 強靱鋼の主な合金元素は，Mn，Cr，Mo があり，代表的な JIS 記号は，SCr，SCM，SNC，SNCM，SMn，SMnC などがある．

問題 3 H 鋼とは焼入れ性を保証した鋼であり，JIS 記号では SCM 420 H のように，最後に H をつけて表す．

問題 4 ハイテンとは高張力鋼を意味する High Tensile Steel の略であり，少なくとも 490 MPa 程度の強度をもち，大きなものは 1 GPa 程度のものもある．

問題 5 工具鋼には，硬くて摩耗しないこと，かつ粘り強いことが求められる．

問題 6 切削用（JIS 記号：SKS），金型用（SKS，SKD，SKT），耐衝撃用（SKS）

問題 7 高速度工具鋼の主な合金元素は W，Mo，JIS 記号は SKH である．

問題 8 炭化タングステン（WC）

問題 9 耐食鋼の代表的な合金成分は，Cr（12％以上）と Ni である．その成分の違いから，13 Cr ステンレス鋼，18 Cr ステンレス鋼，18 Cr-8 Ni ステンレス鋼の 3 種類に分類される．

問題 10 金属の表面に強固な酸化被膜ができるため．

問題 11 耐食鋼は SUS，耐熱鋼は SUH である．

問題 12 軸受鋼（SUJ）とばね鋼（SUP）があげられる．

第 **5** 章

問題 1 鋳鉄には，C が 2.14〜6.67％程度含まれている．硬くてもろい材料であり，圧縮性や耐摩耗性に優れる．また，融点が低いため，鋳造に適している．

問題 2 鋳鉄の組織を表す状態図を複平衡状態図という．これは，鋳鉄では冷却速度の違いで，C がセメンタイトになったり黒鉛になったりするためである．

問題 3 白鋳鉄，ねずみ鋳鉄，まだら鋳鉄

問題 4 マウラーの組織図

問題 5 ねずみ鋳鉄は，特別な元素を添加してないため，普通鋳鉄ともよばれる．JIS 記号は FC であり，最大の引張強さを示すのは FC 350 である．

問題 6 片状黒鉛鋳鉄の形状は，黒鉛（グラファイト）の形状が三日月状になっており，黒鉛は鋳鉄の特長である耐摩耗性や振動吸収性などに有効なはたらきをしている．しかし，この三日月状の黒鉛の先端がとがっているため，鋳鉄の内部は亀裂状の欠陥が散在しているのと同じような状態になっており，このとがった部分には応力が集中しやすく，そこをきっかけにクラックが広がりやすい．

問題 7 球状黒鉛鋳鉄は，外部から力を受けたときなどに球状組織の黒鉛が力を分散するはたらきをするため，粘り強い鋳鉄となる．JIS 記号は FCD 材．

問題 8 可鍛鋳鉄は，白鋳鉄に熱処理を行い，セメンタイトを黒鉛化して，粘り強い組織にしたものであり，黒心可鍛鋳鉄，白心可鍛鋳鉄，パーライト可鍛鋳鉄の 3 種類がある．

問題 9 高クロム鋳鉄と高ケイ素鋳鉄があり，前者は高温での耐摩耗性，後者は耐熱性や耐酸性に優れる．

問題 10 鋳造で用いる炭素鋼や合金鋼を鋳鋼といい，鋳鉄では強さや硬さが不足する場面などで用いられる．

解答

章末問題の解答 **153**

第6章

問題1 Al の比重は 2.7，融点は 660℃ である．
Fe の比重は 7.8，融点は 1 535℃ である．

問題2 Al の原料はボーキサイトであり，これを電気分解して製造する．

問題3

① 純アルミニウムは，強度が低いため構造材としては使用されず，加工性や
耐食性などに優れている．

② ジュラルミンは A2017，超ジュラルミンは A2024 であり，強度が高く，
機械的性質や切削性に優れている．超ジュラルミンの硬度は鋼に匹敵する．

③ アルミ缶に用いられている Al の主要な合金成分は Mn であり，強度より
も加工性や耐食性の面が優れている．

④ A5052 は，Al-Mg 系の合金であり，一般的な構造材として，車両・船舶・
建築用材・機械部品などに幅広く用いられている．

⑤ 超々ジュラルミンは，Al-Zn-Mg 系の合金であり，アルミニウム合金の中
で一番強度がある．

問題4

① AC は砂型・金型用，ADC はダイカスト用の鋳物用アルミニウム合金であ
る．

② シルミンは，Al-Si 系の合金であり，Si を入れることで融点を下げ，湯流
れをよくして鋳造性を高めた合金である．

③ ヒドロナリウムは Al-Mg 系の合金であり，強度や耐食性に優れ，伸びは
アルミニウム合金鋳物の中でも最大である．

④ ガンマシルミンは Al-Si-Mg 系の合金であり，強度がある．

⑤ ダイカストアルミニウム合金は Al-Si-Cu 系であり，鋳造性だけでなく切
削性にも優れる．

第 **7** 章

問題 1 CuとFeの比重はそれぞれ8.9と7.8,融点はそれぞれ1085℃と1535℃.

問題 2 Cuの強度や硬さなどの機械的性質はFeより劣るため,構造材には適さない. ただし,合金化することである程度改善できる.

問題 3 黄銅の主な合金元素はZn, 展延性や耐食性に優れた金色の材料.

問題 4 六四黄銅は亜鉛を40%,七三黄銅とは亜鉛を30%含んだ黄銅である. 六四黄銅は黄金色に近い黄色で,黄銅の中では最大の強度をもつ.

問題 5 ネーバル黄銅とは,耐食性,とくに耐海水性を高めるために,Snを添加したものである.

問題 6 青銅の主な合金元素はSn, 鋳造性や耐食性に優れた青っぽい材料.

問題 7 砲金はSnを約10%含むものであり,粘り強さや耐食性・耐摩耗性に優れている. 古くは大砲の製造などに用いられていたので,砲金と名づけられた.

問題 8 白銅はCu-Ni系の合金であり,耐食性,なかでも耐海水性に優れ,熱交換器用管などに用いられる.

問題 9 洋白はCu-Ni-Zn系の合金であり,展延性や耐食性に優れ,光沢が美しいため,洋食器や装飾品,また医療機器などに用いられる.

問題 10 5円硬貨は黄銅,100円硬貨は白銅,500円硬貨は洋白である.

問題 11 ベリリウム銅はCu-Be系の合金であり,耐食性や展延性に加えて,ばね性に優れ,高性能ばねや精密機器部品などに用いられる.

問題 12 Brassは黄銅,Bronzeは青銅である.

第 8 章

問題 1 Zn の比重は 7.1，融点は 419°C である．
Sn の比重は 7.3，融点は 228°C である．

問題 2 トタンは Fe に Zn めっきをしたものであり，主に屋外での建築材として用いられる．

問題 3 ブリキは Fe に Sn めっきをしたものであり，耐食性が高いため食品容器に用いられる．

問題 4 人体に害があるため．

問題 5 Ti の比重は 4.5 であり，融点は 1668°C である．

問題 6 Fe より軽くて丈夫な材料であり，耐食性にも優れている．

問題 7 Al，V，Sn，Mo（この中から 2 つを答える）．

問題 8 軽さと強度から航空宇宙関係の材料として，耐食性から化学工業装置や海水中で使用される材料である．また，生体材料としても用いられる．

問題 9 Mg の比重は 1.7，融点は 650°C である．

問題 10 Mg は構造材として用いられる実用金属の中で最も軽く，振動や衝撃特性にも優れている．また，熱伝導率が大きく，電磁波シールド性も高い．

問題 11 マグネシウム合金の主な合金元素は，Al と Zn である．

問題 12 マグネシウム合金の主な用途は，放熱特性を活かした用途として PC や液晶プロジェクタの部品，電磁波シールド性の高さから携帯電話のケーシング（筐体），振動や衝撃の吸収特性に優れることからタブレット PC や車のステアリング部品，レース用バイクのホイールなどである．

第9章

問題1 プラスチックの一般的な性質として，硬いものや軟らかいものを金属よりも軽量で成形できること，熱や電気を伝えにくいこと，耐食性や耐薬品性に優れていること，着色が容易であることなどがあげられる．

問題2 加熱によって軟化するプラスチックを熱可塑性プラスチックという．成形した後に再加熱すると再度軟化するため，再利用が可能である．加熱によって硬化するプラスチックを熱硬化性樹脂プラスチックという．成形した後は，再加熱しても軟化することはなく，再利用ができない．

問題3 熱可塑性プラスチックの代表的な成形法は，粉末や粒状のプラスチック材料をホッパに入れ，ヒータで加熱した後にノズルから金型に噴出して成形する射出成形である．

問題4 ポリエチレン（PE），ポリプロピレン（PP），ポリスチレン（PS），ポリ塩化ビニル（PVC），アクリル樹脂（PMMA）など（この中から3つを答える）．

問題5 引張強さや硬さなど，機械材料としての特性を備えたプラスチックをエンジニアリングプラスチックという．

問題6 エンジニアリングプラスチックの具体名には，ポリアセタール（POM），ポリカーボネイト（PC），ポリアミド（PA）などがある（この中から3つを答える）．

問題7 ポリエーテルエーテルケトン（PEEK），ポリサルホン（PSU），ポリエーテルサルホン（PES），ポリフェニレンスルフィド（PPS），液晶ポリマー（LCP）などがある（この中から3つを答える）．

問題 8 複合材料とは，金属やプラスチック，セラミックスなど，2 種類以上の異なる材料を組み合わせることにより，単一材料では得られない機能や性質をもたせた材料である．

問題 9 繊維をプラスチックで強化した複合材料を繊維強化プラスチック（FRP）という．用いられる繊維の違いにより，ガラス繊維強化プラスチック（GFRP）と炭素繊維強化プラスチック（CFRP）がある．

問題 10 金属材料はどの方向からでも同じ性質をもつ等方性の材料である．これに対して，複合材料に用いられる繊維は，方向によって性質が異なる異方性をもつ．

問題 11 層間剥離

問題 12 ハンドレイアップ法，オートクレーブ法，フィラメントワインディング法など（この中から 2 つを答える）．

第 10 章

問題 1 セラミックスの長所は，硬いこと・燃えないこと・さびないこと，短所はもろいことである．

問題 2 泥漿鋳込み法（スリップキャスト法），射出成形法

問題 3 窒化ケイ素（Si_3N_4）や炭化ケイ素（SiC）などのセラミックスは，1 200℃ 以上でも強度の低下がなく使用することができる．

問題 4 ターボチャージャ，ガスタービンなど

問題 5 誘電性，圧電性，焦電性を活かしたセラミックス

問題 6 ソフトフェライト，ハードフェライト

問題 7 ガラスとは，二酸化ケイ素（SiO_2）を主要な成分として，結晶化することなく冷却した無機材料のことである．

問題 8 人工骨・人工関節，人工歯根など（この中から 2 つ答える）

問題 9 超伝導は，電流の流れに対する抵抗が 0 になる現象をいう．また同時に，超伝導状態になった材料は強い反磁性を示すため，磁場を受けると反発する．今後の研究課題としては，より高温で作動する材料の開発があげられる．

問題 10 燃料電池の原理は水の電気分解の逆の現象を用いて，水素と酸素から発電させるものである．

その特長には，燃焼反応をともなわずに発電でき，高効率（約 40 ％）であること，さまざまな燃料を利用できること，生成物が水なので環境を汚染するおそれがないことなどがあげられる．

このため，燃料電池は環境問題とエネルギー問題の同時解決が期待できる技術として注目されている．

索 引

■ア 行

アイゾット衝撃試験 …………………………… 9
亜　鉛 ………………………………………… 110
亜共晶合金 …………………………………… 40
亜共析鋼 ……………………………………… 53
アクリル樹脂 ………………………………… 121
圧延加工 ……………………………………… 68
圧縮強さ ……………………………………… 2
圧電性 ………………………………………… 136
アボガドロ定数 ……………………………… 29
アモルファス ………………………………… 31
アルミナ ……………………………………… 92
アルミニウム ………………………………… 92
アルミニウム合金 …………………………… 94
合わせガラス ………………………………… 139
安定状態図 …………………………………… 85

イオン
　　──結合 ………………………………… 24
　　──結晶 ………………………………… 24
　　──窒化 ………………………………… 63
板ガラス ……………………………………… 138
一般構造用圧延鋼材 ………………………… 66
異方性 ………………………………………… 127
鋳物用 ………………………………………… 94
インプラント ………………………………… 141

永久磁石 ……………………………………… 51
永久ひずみ …………………………………… 5
液　化 ………………………………………… 32
液相線 ………………………………………… 37
エンジニアリングプラスチック
　　………………………………………… 119, 122

黄　銅 ………………………………………… 104
応　力 ………………………………………… 4
応力腐食割れ ………………………………… 79
オーステナイト ……………………………… 53
オートクレーブ法 …………………………… 129

■カ 行

快削黄銅 ……………………………………… 105
快削鋼 ………………………………………… 81
過共晶合金 …………………………………… 40
過共析鋼 ……………………………………… 53
加工硬化 ………………………………… 60, 95
硬　さ ………………………………………… 2
硬さ試験 ………………………………… 7, 8
ガス浸炭法 …………………………………… 63
ガス窒化 ……………………………………… 63
可鍛鋳鉄 ……………………………………… 88
カップアンドコーン ………………………… 13
ガラス ………………………………………… 138
　　──繊維 ……………………………… 124
　　──繊維強化プラスチック ………… 124
完全結晶 ……………………………………… 29

気　化 ………………………………………… 32
機械構造用合金鋼 …………………………… 74
機械構造用炭素鋼鋼材 ……………………… 67
機械的性質 …………………………………… 2
犠牲防食作用 ………………………………… 110
球状黒鉛鋳鉄 ………………………………… 88
キュリー点 …………………………………… 51
強化ガラス …………………………………… 139
強化剤 ………………………………………… 124
凝　固 ………………………………………… 32
凝固点 ………………………………………… 33
強磁性 ………………………………………… 51

凝　縮	32	
共　晶	38	
共晶形合金	38	
強靱鋼	74	
共　析	41	
──鋼	53	
──変態	53	
共有結合	25	
共有結晶	25	
金属間化合物	34	
金属結合	26	
金属元素	23	
クラーク数	162	
クリープ試験	11	
クーロン力	24	
欠　陥	29	
結　晶	28	
──格子	28	
──構造	28	
──粒界	29	
原　子	22	
──核	22	
──番号	22	
工業量	3	
合金鋼	73	
合金鋳鉄	88	
工具用合金鋼	76	
硬　鋼	66	
高周波焼入れ	63	
高速度工具鋼	76, 77	
高炭素クロム軸受鋼鋼材	80	
高張力鋼	75	
降伏応力	5	
降伏点	5	
高力黄銅	105	
固　化	32	
黒心可鍛鋳鉄	88	
固相線	37	

固体浸炭	62	
固溶体	33	
混合転位	43	
コンデンサ	136	

■サ　行

再結晶	95	
磁気変態	51	
磁気変態点	51	
軸受鋼	80	
七三黄銅	104, 105	
磁粉探傷検査	14, 15	
射出成形（法）	119, 133	
シャルピー衝撃試験	9	
周　期	23	
──表	23, 160, 161	
──律	23	
自由電子	26	
準安定状態図	85	
純　鉄	49	
純　銅	104	
ショア硬さ試験	7, 8	
昇　華	32	
衝撃試験	9	
常磁性	51	
晶　出	37	
焦電性	137	
焼　鈍	61	
蒸　発	32	
初　晶	38	
真空浸炭	63	
人　工		
──関節	140	
──骨	140	
──歯根	141	
刃状転位	43	
靱　性	3	
浸　炭	62	
真　鍮	104	
侵入型固溶体	34	

水素結合 ………………………… 27	炭素
すず ……………………………… 110	── 鋼 ………………………… 48
ステンレス鋼 …………………… 78	── 工具鋼鋼材 …………… 67
スーパーエンプラ ……………… 123	── 繊維 …………………… 124
すべり …………………………… 43	── 繊維強化プラスチック … 124
すべり面 ………………………… 43	丹 銅 ………………………… 104
スリップキャスト法 …………… 133	
	置換型固溶体 …………………… 34
セメンタイト …………………… 53	チタン …………………………… 112
セラミックス …………………… 132	チタン合金 ……………………… 113
繊維強化プラスチック ……… 124, 125	チタン酸ジルコン酸鉛 ………… 137
遷移元素 ………………………… 23	チタン酸バリウム ……………… 136
全体熱処理 ……………………… 62	窒 化 …………………………… 63
潜 熱 …………………………… 33	鋳 鋼 …………………………… 89
線膨張率 ………………………… 17	中性子 …………………………… 22
全率固溶体 ……………………… 36	鋳 鉄 …………………………… 84
	超音波探傷検査 ………………… 15
層間剥離 ………………………… 125	超硬合金 ………………………… 77
双 晶 …………………………… 43	超伝導 …………………………… 142
族 ………………………………… 23	チョクラルスキー法 …………… 30
塑 性 ………………………… 3, 42	チョップドストランドマット … 127
ソフトフェライト ……………… 137	
ソルバイト ……………………… 59	疲れ限度 ………………………… 11
■タ 行	泥漿鋳込み法 …………………… 133
耐食鋼 …………………………… 78	低融点合金 ……………………… 111
体心立方格子 …………………… 28	てこの関係 ……………………… 37
体積膨張率 ……………………… 17	鉄 鋼 …………………………… 46
耐熱鋼 …………………………… 79	転 位 …………………………… 43
耐 力 …………………………… 5	電気陰性度 ……………………… 27
多結晶 …………………………… 29	典型元素 ………………………… 23
たたら製鉄 ……………………… 65	電 子 …………………………… 22
縦弾性係数 ……………………… 5	展伸用 …………………………… 94
タフピッチ銅 …………………… 104	転 炉 …………………………… 46
単結晶 …………………………… 29	
弾 性 ………………………… 3, 42	銅 ………………………………… 102
── 係数 …………………… 5	銅合金 …………………………… 104
── 限度 …………………… 5	同素変態 ………………………… 49
	等方性 …………………………… 127
	トタン …………………………… 110
	トルースタイト ………………… 59

索 引　**163**

■ナ 行

鉛	111
軟 鋼	66
二元合金	33
ねずみ鋳鉄	85, 87
熱応力	16
熱可塑性プラスチック	118
熱間圧延	68
熱間加工	95
熱硬化性プラスチック	118
熱処理	56
熱伝導率	18
熱膨張率	16
粘り強さ	3
ネーバル黄銅	105
燃料電池	143

■ハ 行

配位数	28
バイオセラミックス	140
ハイテン	75
白心可鍛鋳鉄	88
白鋳鉄	85
白 銅	106
ハードフェライト	138
ばね鋼	80
破面検査	13
パーライト	53
パーライト可鍛鋳鉄	88
バリア防食	110
はんだ	111
ハンドレイアップ法	128
汎用プラスチック	119
光ファイバ	139
比強度	93, 125
非金属元素	23
非晶質	31
ひずみ	4

ビッカース硬さ試験	7, 8
引張試験	6
引張強さ	2
表面熱処理	62
比例限度	5
疲労試験	10
ファインセラミックス	132
ファンデルワールス力	27
フィラメントワインディング法	129
フェライト	53
複合材料	124
複層ガラス	139
複平衡状態図	85
普通鋳鉄	87
フックの法則	5
物質の三態	32
フラクトグラフィー	13
プラスチック	118
フーリエの法則	19
ブリキ	110
ブリネル硬さ試験	7, 8
プリプレグ	127, 129
分子間力	27
分子結晶	27
粉末冶金	133
平衡状態図	36
ベリリウム銅	107
片状黒鉛鋳鉄	87
ボイラおよび圧力容器用鋼板	68
砲 金	106
ボーキサイト	93
母 材	124
ポリアセタール	122
ポリアミド	123
ポリエチレン	120
ポリエチレンテレフタレート	121
ポリ塩化ビニル	121
ポリカーボネート	123

ポリスチレン	120
ポリプロピレン	120

■マ 行

マウラーの組織図	85
マグネシウム	114
マグネシウム合金	115
マクロ組織検査	14
曲げ試験	10
曲げ強さ	2
まだら鋳鉄	85
マトリックス	124
マルテンサイト変態	57
ミクロ組織検査	14
無酸素銅	104
面心立方格子	28
モ ル	29

■ヤ 行

焼入れ	58
焼なまし	61
焼ならし	60
焼戻し	59
ヤング率	5
融 解	32
誘電性	136
陽 子	22
溶接構造用圧延鋼材	68
洋 白	107

■ラ 行

らせん転位	43
両性元素	23
りん青銅	106

りん脱酸銅	104
冷間圧延	68
冷間圧延鋼板および鋼帯	68
冷間加工	95
冷却曲線	33
連続鋳造	46
六四黄銅	104, 105
ロックウェル硬さ試験	7, 8
六方最密構造	28

■英数字・記号

A_1 変態	53
A_3 変態	49
A_4 変態	49
CFRP	124, 126
FC 材	87
FCD 材	88
FCM 材	88
FCMB 材	88
FCMP 材	88
FCMW 材	88
Fe-C 系平衡状態図	52
FRP	124
GFRP	124
H 鋼	75
KS 鋼	51
MK 鋼	51
PA	123
PC	123
PE	120
PET	121
PMMA	121
POM	122

索 引　**165**

PP	120	SUJ材	80
PS	120	SUM材	81
PVC	121	SUP材	80
PZT	137	SUS材	78
SB材	68	X線透過検査	15
SC材	89		
S-C材	67	3R	145
SK材	67		
SM材	68	α固溶体	40, 52
SPC材	68	α鉄	49
SPCC	68	β固溶体	40, 52
SPCD	68	γ鉄	49
SPCE	69	δ固溶体	52
SS材	66	δ鉄	49
SUH材	79		

〈著者略歴〉

門 田 和 雄（かどた　かずお）

東京学芸大学教育学部技術科卒業
東京学芸大学大学院教育学研究科修士課程（技術教育専攻）修了
東京工業大学大学院総合理工学研究科
　博士課程（メカノマイクロ工学専攻）修了，博士（工学）
東京工業大学附属科学技術高等学校教諭を経て，
宮城教育大学 教育学部技術教育講座 准教授
主な著書に　新しい機械の教科書（第2版）（オーム社，2013）
　　　　　　絵ときでわかる 計測工学（第2版）（オーム社，2018）
　　　　　　絵ときでわかる 機械力学（共著）（第2版）（オーム社，2018）
などがある．

- 本書の内容に関する質問は，オーム社ホームページの「サポート」から，「お問合せ」の「書籍に関するお問合せ」をご参照いただくか，または書状にてオーム社編集局宛にお願いします．お受けできる質問は本書で紹介した内容に限らせていただきます．なお，電話での質問にはお答えできませんので，あらかじめご了承ください．
- 万一，落丁・乱丁の場合は，送料当社負担でお取替えいたします．当社販売課宛にお送りください．
- 本書の一部の複写複製を希望される場合は，本書扉裏を参照してください．
- JCOPY ＜出版者著作権管理機構 委託出版物＞

絵ときでわかる 機械材料（第2版）

2006 年 5 月 20 日	第1版第1刷発行	
2018 年 6 月 4 日	第2版第1刷発行	
2021 年 5 月 10 日	第2版第3刷発行	

著　　者　門 田 和 雄
発 行 者　村 上 和 夫
発 行 所　株式会社 オ ー ム 社
　　　　　郵便番号　101-8460
　　　　　東京都千代田区神田錦町 3-1
　　　　　電話 03(3233)0641(代表)
　　　　　URL https://www.ohmsha.co.jp/

© 門田和雄 2018

印刷　中央印刷　　製本　協栄製本
ISBN978-4-274-22243-6　Printed in Japan

好評発売中！ 《「絵ときでわかる」機械》シリーズ

絵ときでわかる 機械力学（第2版）
- 門田 和雄・長谷川 大和 共著
- A5判・160頁・定価（本体2300円【税別】）

主要目次：機械の静力学／機械の運動学1—質点の力学／機械の動力学／機械の運動学2—剛体の力学／機械の振動学

絵ときでわかる 材料力学（第2版）
- 宇津木 諭 著
- A5判・220頁・定価（本体2500円【税別】）

主要目次：力と変形の基礎／単純応力／はりの曲げ応力／はりのたわみ／軸のねじり／長柱の圧縮／動的荷重の取扱い／組合せ応力／骨組構造

絵ときでわかる 流体工学（第2版）
- 安達 勝之・菅野 一仁 共著
- A5判・266頁・定価（本体2500円【税別】）

主要目次：流体工学への導入／流体力学の基礎／ポンプ／送風機・圧縮機／水車／油圧と空気圧装置

絵ときでわかる 熱工学（第2版）
- 安達 勝之・佐野 洋一郎 共著
- A5判・208頁・定価（本体2500円【税別】）

主要目次：熱工学を考える前に／熱力学の法則／熱機関のガスサイクル／燃焼とその排出物／伝熱／液体と蒸気の性質および流動／冷凍サイクルおよびヒートポンプ／蒸気原動所サイクルとボイラー

絵ときでわかる 機構学
- 住田 和男・林 俊一 共著
- A5判・160頁・定価（本体2300円【税別】）

主要目次：機構の基礎／機構と運動の基礎／リンク機構の種類と運動／カム機構の種類と運動／摩擦伝動の種類と運動／歯車伝動機構の種類と運動／巻掛け伝動の種類と運動

絵ときでわかる 機械材料（第2版）
- 門田 和雄 著
- A5判・176頁・定価（本体2300円【税別】）

主要目次：機械材料の機械的性質／機械材料の化学と金属学／炭素鋼／合金鋼／鋳鉄／アルミニウムとその合金／銅とその合金／その他の金属材料／プラスチック／セラミックス

絵ときでわかる 機械設計（第2版）
- 池田 茂・中西 佑二 共著
- A5判・232頁・定価（本体2500円【税別】）

主要目次：機械設計の基礎／締結要素／軸系要素／軸受／歯車／巻掛け伝達要素／緩衝要素

絵ときでわかる ロボット工学（第2版）
- 川嶋 健嗣・只野 耕太郎 共著
- A5判・208頁・定価（本体2500円【税別】）

主要目次：ロボット工学の導入／ロボット工学のための基礎数学・物理学／ロボットアームの運動学／ロボットアームの力学／ロボットの機械要素／ロボットのアクチュエータとセンサ／ロボット制御の基礎／二自由度ロボットアームの設計

絵ときでわかる 計測工学（第2版）
- 門田 和雄 著
- A5判・190頁・定価（本体2300円【税別】）

主要目次：計測の基礎／長さの計測／質量と力の計測／圧力の計測／時間と回転速度の計測／温度と湿度の計測／流体の計測／材料強さの計測／形状の計測／機械要素の計測

絵ときでわかる 機械制御
- 宇津木 諭 著
- A5判・220頁・定価（本体2400円【税別】）

主要目次：自動制御の概要／機械の制御の解析方法／基本要素の伝達関数／ブロック線図／過渡応答／周波数応答／フィードバック制御系／センサとアクチュエータの基礎

もっと詳しい情報をお届けできます。
◎書店に商品がない場合または直接ご注文の場合も右記宛にご連絡ください。

ホームページ https://www.ohmsha.co.jp/
TEL／FAX TEL.03-3233-0643　FAX.03-3233-3440

（定価は変更される場合があります）

C-1806-148

元素

周期＼族	1	2	3	4	5	6	7	8
1	1H 水素 1.0							
2	3Li リチウム 6.9	4Be ベリリウム 9.0						
3	11Na ナトリウム 23.0	12Mg マグネシウム 24.3						
4	19K カリウム 39.1	20Ca カルシウム 40.1	21Sc スカンジウム 45.0	22Ti チタン 47.9	23V バナジウム 50.9	24Cr クロム 52.0	25Mn マンガン 54.9	26Fe 鉄 55.9
5	37Rb ルビジウム 85.5	38Sr ストロンチウム 87.6	39Y イットリウム 88.9	40Zr ジルコニウム 91.2	41Nb ニオブ 92.9	42Mo モリブデン 96.0	43Tc テクネチウム 〔99〕	44Ru ルテニウム 101.1
6	55Cs セシウム 132.9	56Ba バリウム 137.3	57〜71 ランタノイド	72Hf ハフニウム 178.5	73Ta タンタル 180.9	74W タングステン 183.8	75Re レニウム 186.2	76Os オスミウム 190.2
7	87Fr フランシウム 〔223〕	88Ra ラジウム 〔226〕	89〜103 アクチノイド	104Rf ラザホージウム 〔267〕	105Db ドブニウム 〔268〕	106Sg シーボーギウム 〔271〕	107Bh ボーリウム 〔272〕	108HS ハッシウム 〔277〕
族の一般名	アルカリ金属	アルカリ土類金属	希土類	チタン族	土酸金属	クロム族	マンガン族	鉄　族（上の　 白金族（下の

□ は非金属元素
▨ は金属元素
▣ は遷移元素

ほかは典型元素

原子記号 → 1H ←
水素 ←
1.0 ←

*〔　〕内の数値は，最も安定
同位体の質量数を示す

	57La ランタン 138.9	58Ce セリウム 140.1	59Pr プラセオジム 140.9	60Nd ネオジム 144.2	61Pm プロメチウム 〔145〕	62Sm サマリウム 150.4
ランタノイド						
アクチノイド	89Ac アクチニウム 〔227〕	90Th トリウム 232.0	91PA プロトアクチニウム 231.0	92U ウラン 238.0	93Np ネプツニウム 〔237〕	94Pu プルトニウム 〔239〕